# 以本为本，本中之本

## 全国高等学校航空航天类专业
## "课程交流和教师培训"活动纪实

2018—2022 教育部高等学校航空航天类专业教学指导委员会　编

北京航空航天大学出版社
BEIHANG UNIVERSITY PRESS

**图书在版编目（CIP）数据**

以本为本，本中之本全国高等学校航空航天类专业"课程交流和教师培训"活动纪实 / 2018—2022 教育部高等学校航空航天类专业教学指导委员会编 . — 北京：北京航空航天大学出版社，2023.1（2024.12 重印）

ISBN 978-7-5124-4038-8

Ⅰ . ①以⋯　Ⅱ . ① 2⋯　Ⅲ . ①航空工程 – 教学研究 – 高等学校 – 文集 ②航天工程 – 教学研究 – 高等学校 – 文集　Ⅳ . ① V–53

中国国家版本馆 CIP 数据核字（2023）第 020456 号

以本为本，本中之本

全国高等学校航空航天类专业
"课程交流和教师培训"活动纪实

2018—2022 教育部高等学校航空航天类专业教学指导委员会　编

策划编辑　蔡　喆　责任编辑　蔡　喆

*

北京航空航天大学出版社出版发行

北京市海淀区学院路 37 号（邮编 100191）　http：//www.buaapress.com.cn

发行部电话：（010）82317024　　传真：（010）82328026

读者信箱：goodtextbook@126.com　　邮购电话：（010）82316936

北京富资园科技发展有限公司印装　各地书店经销

*

开本：787×1 092　1/16　印张：11　字数：202 千字

2023 年 1 月第 1 版　2024 年 12 月第 2 次印刷

ISBN 978-7-5124-4038-8　定价：68.00 元

# 编委会

---

**编委会主任：**

刘　莉

**编委**（按姓氏笔画排序）：

马贵春　艾延廷　刘　刚　齐　辉　孙　刚

李　军　李　辉　杨智春　陈仁良　胡士强

柏　林　崔乃刚　梁国柱

# 前　言

以本为本：本科教育是大学教育的根本；本中之本：课程和教师是本科教育的根本。

2018—2022教育部高等学校航空航天类专业教学指导委员会（以下简称"航空航天教指委"）在任期内主办了"课程交流和教师培训"活动。活动的宗旨：以课程和教师为抓手，遴选一批特色专业优质课程，邀请课程主讲教师开展全国范围内的课程交流和教师培训，为一线教师提供一个交流、学习、培训、提升的平台。活动形式为：依托具体课程，通过主讲教师的教学工作经验介绍、课程相关教师的现场讨论、承办学校及企事业单位的现场参观等多个环节，丰富课程建设内涵，提高课程建设质量，着力提升一线教师的教育教学水平。

在航空航天教指委的统一部署下，航空航天教指委课程交流和教师培训板块（以下简称"板块"）负责了本项活动的策划、实施与总结。"板块"全体委员精心策划、倾力实施，在优选课程、确定承办单位、安排活动召集人、邀请课程召集人等方面付出了大量的心血和努力。根据工作流程，遴选相关专业高校学院作为承办单位，全面负责课程主讲教师的邀请，以及活动的具体实施。课程召集人由航空航天教指委委员担任，负责具体活动的组织与安排。主讲教师作为活动的主角，承担介绍经验、培训教师的工作，也是活动的核心。北京航空航天大学出版社作为活动的协办单位，负责活动的会务工作。多方的共同努力，为该项活动的顺利进行提供了有力保障。

时光荏苒，自2018年开始，历时7年，先后组织了15次"课程交流和教师培训"活动。活动涉及了一批航空航天类主要专业的特色优质专业课程，课程形式和主题包括了理论基础、实践环节、学生创新能力培养、课程思政和军地融合等方面，承办单位为国内航空航天类专业的主流特色学校。参会代表涉及了工业和信息化部所属院校、教育部直属院校、部队院校、地方院校等68所学校，以及5个研究院所和企业，共计 960 余人次。活动期间，86 位主讲教师作了大会交流报告，包括 83 位高校教师、3 位研究院所和企业专家。特别值得一提的是，活动期间虽然遇到了新冠疫情的干扰，大家能够齐心合力、巧用窗口、灵活模式、克服困难，高质量完成了既定工作，并在疫情结束以后，持续组织完成了已经策划的全部 15 次课程交流和教师培训活动。

活动过程中，主讲教师们将自己多年的心得和体会倾囊相授，报告生动、全面，交流互动活跃、细致、耐心。在分组讨论环节，参会教师纷纷表达了对活动的强烈支持，讲述了个人体会，并提出了期许。归纳起来：宏观上，大家认为举办和参加课程交流和教师培训活动是一种教育教学的本质回归；不同年龄层面上的教师虽然需求不同，但是，"交流"是大家共同的渴望；工作中的很多疑惑，在活动中得到了解答，能够体会到一线的教师在深度思考。细节上，主讲教师在主题报告中，对课时安排、授课方式、作业批改、实验环节等内容的介绍，细致入微、面面俱到，使每个参会教师都受益匪浅。大家共同的感受是：年轻教师期望上好课，但是经验不足，尤其针对新开设的专业，缺少有经验老教师的指导，因此年轻教师非常渴望教学团队的传、帮、带；老教师教学经验丰富，亟待传承和发扬。这种传承，除了在本学校范围内，对于其他院校的同行也是一笔宝贵的资源，而航空航天教指委主办的这个活动正好提供了这样的平台。

航空航天是战略高科技、大国地位之象征、国之重器之所在。航空航天专业院校要为国家培养栋梁之才，航空航天专业的学生要有强烈的爱国情怀；航空航天产品种类繁多，航空航天专业服务对象各异，人才培养需求差异性明显；航空航天技术前沿，航空航天专业工程背景明显，课程体系和教师队伍建设需求迫切。"课程交流和教师培训"活动的开展，顺应了以上需求，为满足航空航天专业优秀人才培养探索了较好的经验，教学无止境，同事们还需坚持不懈地努力，将该项工作持续下去。

最后，对支持交流活动的航空航天类专业教学指导委员会各位委员、承办单位、协办单位、主讲教师和全体参会人员表示衷心的感谢。对负责本书编辑出版的北京航空航天大学出版社、提供素材的各位老师表示由衷的谢意！

由于时间、精力有限，文集中如有遗漏或不妥之处，请大家批评指正。

本书编委会

2024 年 9 月

# 目　录

# 1

# 宗旨与方式

## 1.1 活动宗旨

以"课程"和"教师"为抓手，遴选一批特色专业优质课程，邀请课程主讲教师，开展全国范围内的课程交流和教师培训，为一线教师提供一个交流、学习、培训、提升的平台。活动为教育部提供课程建设的相关基础数据，面向专业需求服务核心课程体系建设，凝练课程建设相关问题，培育重大教育教学成果。

## 1.2 组织方式

依托具体的课程，通过主讲教师的教学工作经验介绍、课程相关教师的现场讨论、承办高校及企事业实验室的现场参观等具体环节，丰富了课程的内涵，提高了课程建设质量，着力提升了一线教师的教育教学水平。

本项活动由 2018—2022 教育部航空航天类专业教学指导委员会（以下简称航空航天教指委）"课程交流和教师培训板块"（以下简称"板块"）负责策划、实施、总结。"板块"由刘莉副主任委员负责，成员包括马贵春、艾延廷、刘刚、齐辉、孙刚、李军、李辉、杨智春、陈仁良、胡士强、柏林、崔乃刚、梁国柱等委员。

具体流程：

（1）"板块"负责遴选交流的课程、承办学校和"课程召集人"，并安排航空航天教指委委员作为"活动召集人"；

（2）由"活动召集人"负责组织具体活动；由"课程召集人"负责邀请参与课程交流的主讲教师；

（3）"课程召集人"所在学校的院、系为承办单位，北京航空航天大学出版社为协办单位；

（4）每年多次，年底总结，并确定次年的课程交流计划；

（5）为课程主讲教师和参会教师分别颁发"主讲教师证书"和"教师培训证书"。

活动具体流程如图 1-1 所示，培训证书如图 1-2 所示。

图 1-1　活动具体流程

图 1-2　培训证书（样例）

# 2

# 总况与历程

## 2.1 活动总况

自 2018 年开始，历时 7 年，"板块"共计规划并实施了 15 次"课程交流和教师培训"活动，具体见图 2-1。可以看出，活动涉及了一批航空航天类主要专业的特色优质专业课程，课程形式和主题包括了理论基础、实践环节、学生创新能力培养、课程思政和军地融合等方面。承办高校为国内航空航天类专业的主流学校。

| 次数 | 课程名称 | 承办单位 | 活动召集人 | 课程召集人 | 主讲教师人数 | 参会人数 | 参会学校数量 | 举办日期 |
|---|---|---|---|---|---|---|---|---|
| 1 | 飞机总体设计 | 北京航空航天大学 | 刘莉 | 刘虎 | 4 | 37 | 21 | 2018年04月13日 |
| 2 | 结构力学 | 北京理工大学 | 刘莉 | 刘莉 | 4 | 38 | 14 | 2019年04月13日 |
| 3 | 空气动力学 | 北京航空航天大学 | 刘莉 | 刘沛清 | 6 | 80 | 34 | 2019年04月27日 |
| 4 | 卫星工场 | 哈尔滨工业大学 | 崔乃刚 | 王峰 | 4 | 28 | 12 | 2019年07月27日 |
| 5 | 飞行动力学 | 西北工业大学 | 李军 | 高正红 | 6 | 64 | 23 | 2019年09月21日 |
| 6 | 航空发动机原理/结构 | 空军工程大学 | 杨智春 | 于锦禄 | 8 | 140 | 42 | 2020年10月24日 |
| 7 | 航空航天概论 | 南京航空航天大学 | 陈仁良 | 昂海松 | 10 | 77 | 25 | 2020年12月19-20日 |
| 8 | 飞行控制 | 上海交通大学/复旦大学 | 孙刚/胡士强 | 陆蓓 | 7 | 101 | 38 | 2021年04月17-18日 |
| 9 | 飞行器制造实践能力培养 | 沈阳航空航天大学 | 艾延廷 | 王巍 | 7 | 75 | 16 | 2021年07月04日 |
| 10 | 军地航空航天院校课程交流 | 空军勤务学院 | 柏林 | 柏林 | 6 | 56 | 23 | 2021年07月11日 |
| 11 | 课程思政示范课 | 西北工业大学 | 李军 | 杨智春 | 7 | 83 | 24 | 2021年10月16-17日 |
| 12 | 航天器姿态动力学与控制 | 中山大学 | 刘昆 | 宝音贺西 | 6 | 41 | 15 | 2023年09月23日 |
| 13 | 航天器总体设计 | 北京航空航天大学/航天工程大学 | 梁国柱/蔚万胜 | 陈万春 | 5 | 64 | 23 | 2024年04月13-14日 |
| 14 | 航天动力类 | 哈尔滨工程大学 | 齐辉 | 王革 | 6 | 53 | 13 | 2024年08月17日 |
| 15 | 飞行器制造类 | 哈尔滨工业大学 | 崔乃刚 | 杨立军 | 5 | 31 | 16 | 2024年08月18日 |

图 2-1 活动规划与实施情况

活动参会代表共计 960 余人次，涉及 68 所高校（其中包括：工业和信息化部所属全部的 7 所高校、教育部直属高校 19 所、中国民用航空局直属高校 1 所、军队高校 13 所、地方高校 28 所。）和 5 个研究院所和企业单位，图 2-2 是参会人次的分布情况。

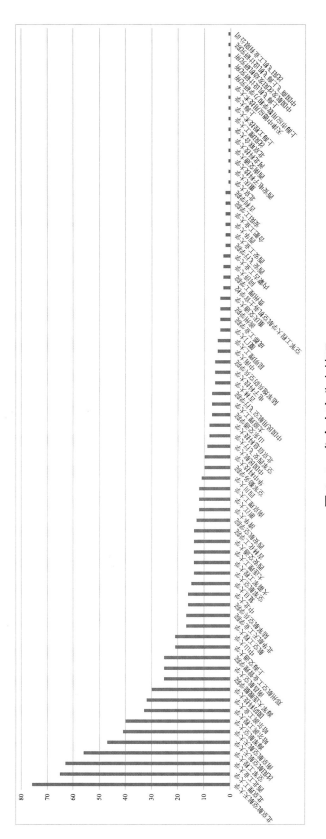

图 2-2 参会人次分布情况

活动期间，共有86位主讲教师（91人次，其中5位作为主讲教师参加了两次交流活动）作了大会交流报告，其中有83位高校教师（工业和信息化部所属高校50位、教育部直属高校11位、中国民用航空局直属高校1位、军队高校15位、地方高校6位）和3位研究院所和企业的专家，图2-3是主讲教师所在单位的分布情况。

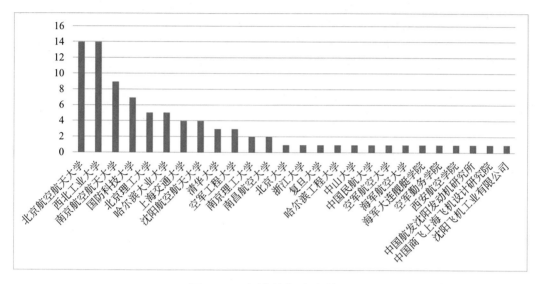

**图 2-3 主讲教师分布情况**

从参会代表分布可以看出，工业和信息化部所属的7所高校均有代表参加活动，教育部直属高校、中国民用航空局直属高校、军队高校、地方高校的相关专业教师也表现出了很大的热情，反映出全国高校航空航天类专业的覆盖面已经得到了大范围的拓展，教师队伍已经形成了良好的群体氛围。

从主讲教师分布可以看出，工业和信息化部所属高校的教师占比超过55%，表现出了传统航空航天类高校在优质课程和高水平师资建设方面仍然具有明显的优势。与此同时，教育部直属高校、中国民用航空局直属高校、军队高校、地方高校均有主讲教师积极参与并进行大会交流。这说明，在全国航空航天类专业建设数量不断增加的同时，专业课程质量和教师水平整体上也得到了大幅地提升。

特别值得一提的是，还有研究院所和企业的主讲教师参与了活动，他们从行业发展对人才培养需求的视角，特别是在新工科背景下，为航空航天类专业的课程质量建设和教师队伍的建设提出了新的要求。

## 2.2 发展历程

2018 年 4 月 13 日，航空航天教指委和全国航空航天学院院长联席会在北京航空航天大学联合主办了航空航天专业教学交流会"飞机总体设计"专题研讨会。

2018 年底，在航空航天教指委年度工作会议上，认真总结了"飞机总体设计"专题研讨会的经验，对开展课程交流活动进行了重点研讨。委员们一致认为，应该将该项工作作为本届航空航天教指委的重点工作之一，将这项活动定名为"课程交流和教师培训"，确定了该项活动由航空航天教指委主办、北京航空航天大学出版社协办，并委托刘莉副主任委员负责该项工作的具体谋划和实施。会上还确定了 2019 年首先开展"结构力学"课程的交流活动，由北京理工大学刘莉教授组织实施，旨在对该项活动的规范化开展进行探索。

2019 年 3 月 5 日，刘莉副主任委员在北京理工大学宇航学院组织召开了筹备会议，航空航天教指委委员刘莉和胡士强、北京航空航天大学出版社赵延永和蔡喆、北京理工大学宇航学院副院长武志文参加了会议。经过深入讨论，初步形成了《教育部航空航天类专业教学指导委员会"课程交流和教师培训"活动工作流程（讨论稿）》。

2019 年 4 月 13 日，在北京理工大学举办了"结构力学"课程交流和教师培训活动。

2019 年 4 月 26 日，在北京航空航天大学召开了关于航空航天教指委员的"课程交流和教师培训"板块讨论会，航空航天教指委委员刘莉、梁国柱、胡士强、柏林、于锦禄（代表李军委员）和北京航空航天大学出版社的赵延永、蔡喆出席了会议。代表们认真总结了前两次活动的经验，正式形成了《"课程交流和教师培训"板块基本规则（试用稿）》《"课程交流和教师培训"活动一般流程（试用稿）》，作为后面工作的指导性文件。

2019 年 4 月 27 日，在北京航空航天大学举办了"空气动力学"课程交流和教师培训活动。

2019 年 7 月 27 日，在哈尔滨工业大学举办了"卫星工场"学生创新能力培养教学交流和教师培训活动。

2019 年 9 月 21 日，在西北工业大学举办了"飞行动力学"课程交流和教师培训活动。

"板块"的工作进入常态，并逐渐形成了"板块"的委员队伍。委员们积极筹划、认真参与，确保了活动的高效开展，得到了全国航空航天类专业教师的热烈反响。

2019 年 11 月 19 日，刘莉副主任委员受邀代表"板块"在"第一届全国高等学校航空航天类专业教育教学研讨会"上作了"以本为本 本中之本""课程交流和教师培训活动的探索与实践"大会主题报告。全面介绍了该项活动的宗旨、形式和初步成效，在参会代表中产生了积极的反响，得到了广泛的认可。

2020 年 10 月 23 日，"板块"委员在西安进行了简短地讨论，考虑到该项活动已经形成了一定的规模，为了对整个活动有更加清晰的、全面的了解，决定在之后的活动中将在课程名称前面冠以"第几次"。

2020 年 10 月 24 日，在空军工程大学举办了"航空发动机原理 / 结构"课程交流和教师培训活动。

2020 年 12 月 19—20 日，在南京航空航天大学举办了"航空航天概论"课程交流和教师培训活动。

2021 年 4 月 17 日，在上海交通大学举办了"飞行控制"课程交流和教师培训活动。

2021 年 4 月 18 日，在复旦大学召开了"板块"委员的工作研讨会。会上，刘莉副主任委员介绍了"课程交流和教师培训"活动情况与成效，经过大家讨论，决定对该项工作进行认真的总结，并计划编撰出版《"课程交流和教师培训"活动纪实文集》（以下简称《活动纪实》）。

2021 年 6 月 2 日，召开"板块"全体委员的线上研讨会。委员们对"课程交流和教师培训"活动成效进行了分析和总结，指出专业核心课程建设已经是一项亟待解决的问题。委员们认为，在开展本活动的同时，还应该开展航空航天类专业核心课程建设的研究工作，探究航空航天类专业核心课程建设中存在的普遍问题，为深化我国航空航天类一流专业建设以及相关专业标准的制定、完善和修订提供依据。为了达到全面反映实际情况、高度凝练专业内涵、梳理专业核心课程的目的，"板块"决定采取书面调研和现场调研交流方式开展此项工作。调研对象为全国航空航天类专业 2019 年度、2020 年度入选国家级一流专业建设点的 30 个专业，调研成果将作为专业核心课程建设研究的基础资料。会上对调研工作进行了具体的分工和详细的部署。

2021 年 6 月 7 日—2021 年 7 月 13 日，"板块"全体委员完成了 30 个航空航天类国家级一流专业建设点核心课程建设情况的书面和现场调研工作，共计涉及 14 所高等院校。

2021 年 7 月 4 日，在沈阳航空航天大学举办了"飞行器制造工程专业实践教学环节"课程交流和教师培训活动。

2021 年 7 月 11 日，在空军勤务学院（徐州）举办了"军地融合 协同发展"课程交流和教师培训活动。

2021 年 9 月 16—17 日，在延安大学举办了"航空航天类课程思政"示范交流和教师培训活动。

2021 年 9 月 16 日，在延安大学召开了"板块"委员会。委员们听取了刘莉副主任委员关于《活动纪实》初稿的介绍，并对文集的名称进行了讨论。会上，刘莉副主任委员还介绍了《高等学校航空航天类一流专业核心课程建设调研总结报告》和《高等学校航空航天类一流专业核心课程建设调研情况梳理》的初稿内容，与会委员进行了深入的讨论，并形成了相应的修改意见。最后，对 2022 年的活动进行了细致地规划。

2022 年 2 月 24 日，在北京召开"板块"委员会议。考虑到疫情的影响，经过讨论，对活动后续安排进行调整。将原定 2021 年 11 月在中山大学举办的"航天器姿态动力学与控制"课程交流和教师培训活动调整到 2022 年 5 月举行（注：本次活动最终取消），原定于 2022 年拟举办的其他三次课程交流和教师培训活动取消。

2022 年 8 月 15 日，刘莉副主任委员到北京航空航天大学出版社与赵延永副社长和蔡喆主任进行了现场资料的整合工作。

2022 年 9 月 1 日，在北京航空航天大学出版社，航空航天教指委刘莉副主任委员、梁国柱秘书长、北京航空航天大学出版社赵延永副社长、蔡喆主任、李慧编辑举行了现场会议，听取了刘莉副主任委员对于《以本为本，本中之本——全国高等学校航空航天类专业"课程交流和教师培训"活动纪实》初稿的详细介绍。一致认为，初稿已经基本完成。提出争取在 2022 年底之前完成书稿的出版工作，并进入书稿的编辑状态。

2022 年 9 月 27 日，在北京召开"板块"委员工作会议，全体委员和出版社相关人员参加了会议，会议采用线上、线下相结合的形式。会上，刘莉副主任委员全面介绍了书稿的编辑情况，并布置了各位委员所须完成的工作。

2022 年 10 月 1 日—10 月 12 日期间，委员们对书稿完成了全面的检查、修改，主讲教师们对个人简介和大会交流报告主要内容进行了出版前的本人确认。

2022 年 10 月 13 日，在北京航空航天大学出版社，刘莉副主任委员、出版社编辑和排版人员现场办公，向出版社正式提交了书稿。

2023 年 1 月，《以本为本，本中之本—全国高等学校航空航天类专业"课程交流和教师培训"活动纪实》出版。

2023 年 9 月 22 日，在中山大学举办了"航天器姿态动力学与控制"课程交流和教师培训活动。

2024 年 4 月 14 日，在北京航空航天大学举办了"航天器总体设计"课程交流和教师培训活动。

2024年8月17日，在哈尔滨工程大学举办了"航天动力类"课程交流和教师培训活动。

2024年8月18日，在哈尔滨工程大学举办了"飞行器制造类"课程交流和教师培训活动。

2024年9月，完成了《以本为本，本中之本—全国高等学校航空航天类专业"课程交流和教师培训"活动纪实》的二次印刷内容增补和修改，向出版社提交了书稿。

回顾全国航空航天类专业"课程交流和教师培训"活动的发展历程，一路走来，既有前期的摸索，又有不断的完善。活动宗旨始终未变，活动形式逐步规范。"板块"委员们，群策群力，高质量完成了活动，并通过全国航空航天类一流专业核心课程的调研和总结使本项工作成果得到了质的提升。

# 3

# 课程交流与教师培训

## 3.1 第1次课程交流和教师培训：飞机总体设计

### 3.1.1 活动概况

**活动名称**：航空航天专业教学交流及教材建设"飞机总体设计"课程专题研讨会

**承办单位**：北京航空航天大学航空科学与工程学院

**协办单位**：北京航空航天大学出版社、全国航空航天学院院长联席会

**会议召集人**：刘莉 教授 教育部高等学校航空航天类专业教学指导委员会 副主任委员

**课程召集人**：刘虎 教授 北京航空航天大学航空科学与工程学院

**活动时间**：2018年4月13日

**参会代表**：全国21所高校的37名代表参加了交流活动

**主讲教师**：刘虎、余雄庆、杨华保、宋文滨

图3-1 参会代表合影

## 刘虎

北京航空航天大学教授、博士生导师，国家"万人计划"青年拔尖人才。现任航空科学与工程学院飞机系主任，国家级精品课"飞机总体设计"负责人、"航空器先进设计技术"工业和信息化部重点实验室综合办主任，"虚拟现实技术与系统"国家重点实验室 VR＋航空／军事领域学术带头人、中国系统工程学会应急管理系统工程专业委员会副主任委员。已发表 SCI 及 EI 论文五十余篇，获国防科技进步奖三等奖一项，已授权及受理专利十余项。

## 余雄庆

南京航空航天大学教授、博士生导师。2011 年至 2016 年曾任飞行器系主任，主要从事飞机总体设计和多学科设计优化的教学科研工作。讲授"飞机总体设计""现代飞行器设计理论""航空航天概论"等课程，主编教材《飞机总体设计》（航空工业出版社，2000 年）；参编教材《航空航天概论》（科学出版社，2008 年）和《飞行器先进设计技术》（国防工业出版社，2014 年）。

## 杨华保

西北工业大学副教授，主要研究方向为飞行器总体／结构综合设计。主要承担了重复使用飞行器技术研究、大型飞机结构／机构功能分析研究、双层结构方案设计及结构特性研究等科研项目。研究成果发表论文 30 余篇，获得军队科技进步奖 1 项。主讲"飞行器系统工程的理论与方法"研究生课程、"飞行器总体设计""飞行器原理及飞机构造"等本科生课程。主编出版了普通高等教育"十一五"国家级规划教材《飞机原理与构造》，获得陕西省 2015 年普通高校优秀教材二等奖。参编出版了普通高等教育"九五"国家级规划教材《现代飞机总体综合设计》、国防科工委"十五"规划教材《飞机总体设计》。

## 宋文滨

上海交通大学航空航天学院副研究员，研究方向为：飞行器设计、气动与声学优化设计、计算工程、优化方法、航空经济学方法，以及基于数值仿真的多学科方法。担任上海航空学会技术经济专业委员会副主任、AIAA Senior Member 等多个学术兼职。参加和负责的主要科研项目包括多项发动机部件优化设计项目、EPSRC 和欧盟框架项目资助的 GEODISE 和 SIMDAT 项目，以及大型客机超临界机翼设计、大型客机增升 装置设计、大型客机翼身 / 发动机一体化气动优化设计及计算服务、运输类飞机综合评估体系等多个大型客机项目。

### 3.1.2　活动主要安排

| 时间 | 主要内容 | 备注 |
|---|---|---|
| 9:00-9:10 | 宣布开会，介绍领导嘉宾 | 主持人：鲍蕊 |
| 9:10-9:40 | 嘉宾致辞 | 主持人：鲍蕊 |
| 9:40-10:00 | 合影 | |
| 10:00-11:00 | 教学经验分享 1——北航（含 20 分钟提问和交流讨论时间） | 主讲人：刘虎 |
| 11:00-12:00 | 教学经验分享 2——南航（含 20 分钟提问和交流讨论时间） | 主讲人：余雄庆 |
| 12:00-13:30 | 午餐，午休 | |
| 13:30-14:30 | 教学经验分享 3——西工大（含 20 分钟提问和交流讨论时间） | 主讲人：杨华保 |
| 14:30-15:30 | 教学经验分享 4——上交大（含 20 分钟提问和交流讨论时间） | 主讲人：宋文滨 |
| 15:30-16:00 | 关于教材建设 及 全国大学生飞行器总体设计竞赛 等问题的讨论 | 主持人：刘虎 |
| 16:00-16:30 | 自由讨论 | 主持人：刘虎 |
| 16:30-17:30 | 参观北航飞行器数字化设计教学实验室 | 主持人：罗明强 |
| 18:00-18:30 | 晚餐 | |

图 3-2　活动主要安排

### 3.1.3 大会交流活动

会议由北京航空航天大学**刘虎**教授主持，北京航空航天大学航空科学与工程学院**鲍蕊**常务副院长代表承办单位致欢迎词，航空航天教指委**刘莉**副主任委员代表主办单位致辞，北京航空航天大学出版社**赵延永**副社长代表协办单位致辞。

刘虎　　　　　　　鲍蕊　　　　　　　刘莉　　　　　　　赵延永

**图 3-3　会议主持人和嘉宾**

特邀的 4 位主讲教师分别介绍了各自学校"飞机总体设计"课程建设和教学改革的实践与经验。

北京航空航天大学航空科学与工程学院**刘虎**教授首先分享了国家级精品课程"飞机总体设计"的 12 年教学改革之路。南京航空航天大学航空宇航学院**余雄庆**教授重点介绍了"飞机设计课程"及毕业设计组织实施过程的演变。西北工业大学航空学院**杨华保**副教授对课堂教学内容及教学改革做了全面介绍。上海交通大学航空航天学院**宋文滨**副研究员就国际化小班教学实践进行了全方位的阐述。

刘虎　　　　　　　余雄庆　　　　　　杨华保　　　　　　宋文滨

**图 3-4　主讲教师风采**

图 3-5　大会报告

图 3-6　大会现场

### 3.1.4　自由讨论

在大会报告的过程中，与会教师与主讲人频繁互动，针对教学过程中遇到的问题、难点及其解决办法展开了热烈的讨论。之后，又专门针对即将由北京航空航天大学牵头组织的"大学生先进飞行器总体设计竞赛"和即将出版的《飞机总体设计》教材的编写进行了深入讨论。

### 3.1.5　现场参观

在北京航空航天大学航空科学与工程学院飞机系**罗明强**副主任的带领下，与会教师参观了北京航空航天大学飞行器数字化设计教学实验室。

图 3-7　现场参观

## 3.2 第 2 次课程交流和教师培训：结构力学

### 3.2.1 活动概况

**活动名称：** 航空航天类专业"结构力学"课程交流和教师培训

**承办单位：** 北京理工大学宇航学院

**协办单位：** 北京航空航天大学出版社

**会议召集人：** 刘莉 教授 教育部高等学校航空航天类专业教学指导委员会 副主任委员

**课程召集人：** 刘莉 教授 北京理工大学宇航学院

**活动时间：** 2019 年 4 月 13 日

**参会代表：** 全国 14 所高校的 38 名代表参加了交流和培训活动

**主讲教师：** 刘莉、关志东、王生楠、周翔

图 3-8　参会代表合影

## 刘莉

北京理工大学教授、博士生导师，北京市教学名师。1981 年至 1991 年在北京航空航天大学分别获得学士、硕士和博士学位，1991 年到北京理工大学工作。长期从事飞行器设计领域教学与科研工作，主讲"结构力学"和"绿色能源飞行器总体设计"课程。教学成果获得北京市教学成果奖 2 项，研究成果获得国家技术发明二等奖 1 项、部级科技进步奖 3 项。现任教育部高等学校航空航天类专业教学指导委员会副主任委员、武器系统国家级虚拟仿真实验教学中心主任、航空航天工程北京市实验教学示范中心主任。

## 关志东

北京航空航天大学教授、博士生导师，中国复合材料学会常务理事，中国航空学会复合材料专业委员会委员。本科毕业于西北工业大学，后在北京航空航天大学获工学硕士和博士学位。主持多项国家和部委科研项目，研究成果多次获国防科学技术进步奖，在国内外期刊发表科研论文百余篇。研究方向包括飞行器结构设计、复合材料及结构性能设计与评估等。目前承担"飞行器结构力学""飞行器结构损失容限和耐久性设计"等课程教学工作。

## 王生楠

西北工业大学教授、博士生导师。1979 年 9 月考入西北工业大学飞机系结构强度专业，1986 年 4 月硕士毕业后留校工作，2005 年 12 月获固体力学工学博士。陕西省精品课程"飞机结构力学"负责人，航空学院"飞机结构力学"课程首席教授与课程负责人、理论与应用力学专业负责人。兼任中国航空学会结构与强度分会总干事。主要研究方向：计算结构力学；固体力学计算策略与数值方法；结构强度设计；结构疲劳、断裂和可靠性；结构耐久性 / 损伤容限设计；航空器结构适航技术等。

**周翔**

上海交通大学副教授，清华大学工程物理系本科（2004年），清华大学工程力学系硕士（2006年），牛津大学工程科学系博士、博士后（2006～2011年），上海交通大学航空航天学院工作（2013年至今）。主要研究方向：折叠结构的设计理论和应用，变体飞行器结构设计。

### 3.2.2 活动主要安排

图 3-9　活动主要安排

### 3.2.3 大会交流活动

会议由航空航天教指委副主任委员**刘莉**教授主持，北京理工大学教务处**林海**副处长、宇航学院**胡更开**院长、宇航学院**武志文**副院长分别代表承办单位致欢迎词，教指委**刘莉**副主任委员代表主办单位致辞、并介绍了活动的宗旨和流程，北京航空航天大学出版社**赵延永**副社长代表协办单位致辞。

刘莉　　　　林海　　　　胡更开　　　　武志文　　　　赵延永

**图 3-10　会议主持人和嘉宾**

　　特邀的 4 位主讲教师分别介绍了各自学校"结构力学"课程建设和教学改革的实践与经验。

　　北京理工大学宇航学院**刘莉**教授分享了"结构力学"课程教学二十年心得，全方位阐述了授课内容和独到的授课经验。北京航空航天大学航空科学与工程学院**关志东**教授介绍了"结构力学"在北京航空航天大学不同院系和不同专业的课程建设情况，并和大家交流了课程核心知识点的教学方法。西北工业大学航空学院**王生楠**教授介绍了"飞机结构力学"课程体系和教学经验，并结合教材编写畅谈了自己的教学感受。上海交通大学航空航天学院**周翔**副教授介绍了"固体力学与结构"课程的总体情况，并着重介绍了课程的内容安排和授课体会。

刘莉　　　　　　关志东　　　　　　王生楠　　　　　　周翔

**图 3-11　主讲教师风采**

图 3-12　大会报告

图 3-13　大会现场

### 3.2.4　自由讨论

参会教师围绕各个院校航空航天类专业"结构力学"课程的教学内容、教学方法，并针对理论教学和实践教学过程中遇到的问题、难点及解决办法等，分组展开了热烈的研讨。

图 3-14　自由讨论

图 3-14　自由讨论（续）

### 3.2.5　现场参观

参会教师在北京理工大学航空航天工程北京市实验教学中心**贺云涛**老师的带领下参观了宇航学院国家级武器系统虚拟仿真实验教学中心、航空航天工程和基础力学两个北京市实验教学示范中心，并观看了基础力学北京市实验教学中心**马沁巍**老师现场演示的国家级虚拟仿真实验项目/国家级一流本科课程"微重力环境下大型航天结构展开虚拟仿真实验教学项目"。

图 3-15　现场参观

图 3-15 现场参观（续）

## 3.3 第3次课程交流和教师培训：空气动力学

### 3.3.1 活动概况

**活动名称：**航空航天类专业"空气动力学"课程交流和教师培训

**承办单位：**北京航空航天大学陆士嘉实验室、北京航空航天大学航空科学与工程学院

**协办单位：**北京航空航天大学出版社

**会议召集人：**刘莉 教授 教育部高等学校航空航天类专业教学指导委员会 副主任委员

**课程召集人：**刘沛清 教授 北京航空航天大学航空科学与工程学院

**活动时间：**2019 年 4 月 27 日

**参会代表：**全国 34 所高校和企业研究院所的 80 名代表参加了交流和培训活动

**主讲教师：**刘沛清、吴子牛、杨永、史一蓬、吕宏强、曾明

图 3-16　参会代表合影

## 刘沛清

北京航空航天大学教授、博士生导师，北京市教学名师。1982年于华北水利水电学院获学士学位，1989年于河海大学获硕士学位，1995年于清华大学获博士学位。1997年至今，于北京航空航天大学流体力学研究所工作。现任北京航空航天大学陆士嘉实验室（工信部气动声学重点实验室）主任，教育部流体力学实验室责任教授。空气动力学国家级精品课负责人，国家级航空航天实验教学中心主任，中国空气动力学学会第六届理事会理事，第十届流体力学专业委员会工业与环境流体力学专业组组长。中国空气动力学学科第六届首席科学传播专家。

## 吴子牛

北京航空学院（现北京航空航天大学）空气动力学学士，原北京航空航天大学教授，现清华大学航天航空学院教授、"长江学者"。历任三份国际期刊的副主编或地区编辑，在国际期刊上发表论文近百篇，其中 Journal of Fluid Mechanics 论文 16 篇。发表教材三部。主讲飞机空气动力学等课程。给国家重大工程与企业提供软件和计算分析服务。建立了帮助提高大学生写作水平的写作公众号《学位论文写作》。

## 杨永

西北工业大学航空学院教授、博士生导师。主要学习经历：1979.9-1989.12，在西北工业大学飞机系攻读本科、硕士、博士学位；教学工作情况："空气动力学基础"国家级双语教堂示范课负责人，"流体力学基础"陕西省精品课程负责人，长期承担本科及研究生空气动力学低速/高速课程、计算流体力学课程等。曾在德国宇航院 DLR 完成了双时间推进算法研究、多种高阶格式应用研究。2011.11—2018.1，西北工业大学教育实验学院（Honors College）副院长、院长。

**史一蓬**

北京大学工学院教授、博士生导师。1989年进入复旦大学学习，2001年获博士学位。2002年起在北京大学工学院工作，担任北京大学航空航天工程系副系主任、北京大学湍流与复杂系统国家重点实验室副主任。主要研究方向包括，空气动力学、湍流及其数值模拟、应用偏微分方程、量子计算和量子信息。开设课程包括本科生：数学分析（微积分）I,II,III（包含流形上的微积分）、工程流体力学、空气动力学I,II；研究生：高等数理方程、泛函分析、湍流、高等流体力学、高等空气动力学、量子计算与量子信息导论。2018年被评选为北京大学"十佳教师"。

**吕宏强**

南京航空航天大学航空学院教授、博士生导师。1999年本科毕业于南京航空航天大学空气动力学系；2002年硕士毕业于南京航空航天大学航空宇航学院；2006年博士毕业于School of Computing, University of Leeds, UK。目前担任中国空气动力学会副理事长、全国计算流体力学专委会委员、飞行载荷专委会副主任、江苏省力学学会流体力学专委会主任、总装气动噪声重点实验室学术委员会委员、航空学报&CJA青年编委、空气动力学学报青年编委。科研方面主要从事可压缩流场、声场、电磁场的高精度数值模拟、飞行器优化设计、人工智能方法在航空航天领域的应用等研究。教学方面主讲本科生专业课"飞行器空气动力学"、本科生校级选修课"现代大学概论"和空气动力学新生研讨课。

**曾明**

国防科技大学空天科学学院教授、硕士生导师。1993 年本科毕业于国防科技大学,1996 年获国防科技大学系统工程专业硕士学位,2007 年获中国科学院力学研究所流体力学博士学位。从事空气动力学专业教学二十余年,主讲本科生"流体力学""空气动力学""飞行器部件空气动力学"等课程和研究生"粘性流体力学""高超声速空气动力学""高温气体动力学"课程多次。主编教材《空气动力学基础》、作为第二或第三作者编著教材《高超声速空气动力学》。2011 年获军队院校育才银奖。

### 3.3.2 活动主要安排

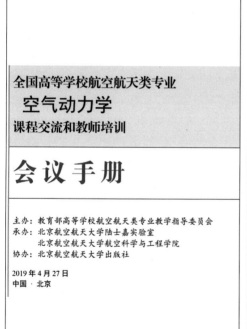

图 3-17 活动主要安排

### 3.3.3 大会交流活动

会议由北京航空航天大学**刘沛清**教授主持，北京航空航天大学航空科学与工程学院**鲍蕊**常务副院长代表承办单位致欢迎词，航空航天教指委**刘莉**副主任委员代表主办单位致辞并介绍了活动的宗旨和流程，北京航空航天大学出版社**赵延永**副社长代表协办单位致辞，会议特邀**李椿萱**院士做了大会发言，李院士对与会教师给予了殷切的希望。

| 刘沛清 | 鲍蕊 | 刘莉 | 赵延永 | 李椿萱 |

**图 3-18　会议主持人和嘉宾**

特邀的 6 位主讲教师分别介绍了各自学校"空气动力学"课程建设和教学改革的实践与经验。

北京航空航天大学陆士嘉实验室主任、北京航空航天大学航空科学与工程学院**刘沛清**教授全面介绍了本校"空气动力学"课程的基本情况、改革实践和实验内容，还分享了自己对教学工作的心得体会，认为教学是大学造就人才职能中最重要的活动，既是一门科学，也是一门技术，更是一门艺术。清华大学航天航空学院**吴子牛**教授介绍了该学院的历史沿革，重点介绍了清华大学"空气动力学"课程特色和详细的课程大纲，并给出卡门钱学森法的课件案例。西北工业大学航空学院**杨永**教授介绍了西工大"空气动力学"课程演变历程和现状，分析了教学改革、招生数量、教师队伍建设对课程建设的影响，还对课程今后的发展进行了展望。北京大学工学院**史一蓬**教授主要介绍了北京大学"空气动力学"课程的定位、课程体系和教学大纲，讲述"空气动力学"教学中的数学问题，提出可借鉴数学工作者对"空气动力学"问题的描述来简化和突出实际问题。南京航空航天大学**吕宏强**教授重点分享了"飞行器空气动力学"教学中的感想，阐述了多方面深入学生、了解学生的必要性、科研内容和创新意识融入专业教学的必要性和活泼教学形式的重要性。国防科技大学空天工程系的**曾明**教授介绍了该校"空气动力学"课程群建设情况和适应不同培养目标的课程内容体系设置，并分享了关于学以致用的思考。

图 3-19  主讲教师风采

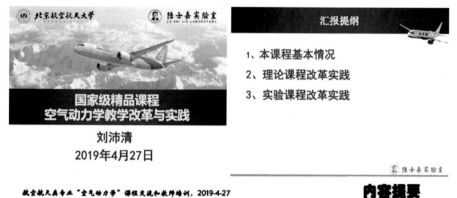

图 3-20  大会报告

图 3-20　大会报告（续）

图 3-21　大会现场

### 3.3.4　自由讨论

参会代表围绕各个院校航空航天类专业"空气动力学"课程的教学内容、教学方法，以及针对理论教学和实践教学过程中遇到的问题、难点及解决办法展开了热烈的研讨。

图 3-22　自由讨论

### 3.3.5 现场参观

参会代表们赴北京航空航天大学沙河校区参观了陆士嘉实验室。**刘沛清**教授亲自给参观学习的教师介绍了实验室的设备、实验管理和经验，并现场演示了精彩的实验。

图 3-23　现场参观

## 3.4　第 4 次课程交流和教师培训："卫星工场"学生创新能力培养

### 3.4.1　活动概况

**活动名称:** 航空航天类专业"卫星工场"学生创新能力培养教学交流和教师培训

**承办单位:** 哈尔滨工业大学航天学院

**协办单位:** 北京航空航天大学出版社

**会议召集人:** 崔乃刚 教授 教育部高等学校航空航天类专业教学指导委员会 委员

**课程召集人:** 王峰 研究员 哈尔滨工业大学航天学院

**活动时间:** 2019 年 7 月 27 日

**参会代表:** 全国 12 所高校的 28 名代表参加了交流和培训活动

**主讲教师:** 王峰、赵勇、张翔、郭建国

图 3-24　参会代表合影

**王峰**

哈尔滨工业大学研究员、博士生导师。2003年和2008年分别获哈尔滨工业大学飞行器设计学科学士和博士学位，2011年获英国克兰菲尔德大学航天器系统与工程博士学位。现为中组部万人计划青年拔尖人才，军委科技委先进航天主题专家，是哈尔滨工业大学承担的"珠海一号星座"等卫星总设计师。主要从事微小卫星教学与科研工作，是哈工大紫丁香学生微纳卫星工场创始人和负责人，先后指导学生自主研制和管控"紫丁香一号、二号"纳卫星，鼓励学生积极参与龙江一号、二号研制工作。累计主持国家高分重大专项、863/H163计划重点项目、自然科学基金、民用航天等项目10余项；发表SCI/EI论文60余篇，申请专利30余项，获国家级教学成果一等奖1项。

**赵勇**

国防科技大学教授。2007年博士毕业于国防科技大学航空宇航科学与技术专业，现为湖南省宇航学会理事兼航天器专业委员会主任委员。长期从事微型航天器与集群航天系统教学与科研工作，主讲"航天器设计"课程。担任国防科技大学"天拓一号"卫星总体主任设计师、"天拓三号"卫星常务副设计总师、"天拓五号"卫星总设计师，先后获国家技术发明二等奖1项、国防技术发明一等奖1项、军队科技进步一等奖2项。

### 张翔

南京理工大学副教授、微纳卫星技术研究中心主任，中国航天科技教育联盟副理事长。曾任南京航空航天大学微纳卫星团队副总设计师，成功发射我国第一颗隐身微小卫星天巡一号（TX-1）。2012 年至今，担任南京理工大学微纳卫星技术研究中心主任和技术总师，于 2015 年和 2017 年相继研制并成功发射南理工一号和南理工二号立方体卫星，2017 年研制并成功发射我国首颗中学生科普教育卫星—八一·少年行卫星，收到了习近平的亲笔回信鼓励，之后又研制并发射可实现船舶自动识别的凯顿一号商用卫星。2018 年研制并成功发射我国首颗中学生科普环保卫星"淮安号"恩来星。获得 2015 年第十四届挑战杯国赛特等奖，获批 2017 年江苏省六大高峰人才团队称号，南京理工大学科研领军团队称号。

### 郭建国

西北工业大学航天学院教授、博士生导师。国家精品在线开放课程负责人，工业和信息化部研究型创新团队核心成员，现任西北工业大学精确制导与控制研究所副所长，西北工业大学第十学位分会副主席，陕西省飞行器精确制导与控制人才培养模式创新实验区主任，陕西省自动化学会导航、制导与控制专业委员。长期从事飞行器精确制导与控制技术和先进控制理论及其应用等方向的研究。获国家级教学成果 1 项、省部级教学成果 3 项，出版数字课程 1 部，教材 5 部。入选西北工业大学大本科"最满意教师""翱翔之星""三育人"先进个人等荣誉称号。

### 3.4.2 活动主要安排

高等学校航空航天类专业
"卫星工场"
学生创新能力培养教学交流和教师培训

# 会 议 手 册

主办：教育部高等学校航空航天专业教学指导委员会
承办：哈尔滨工业大学航天学院
协办：北京航空航天大学出版社

2019 年 7 月 27 日
中国·哈尔滨

| 时间 | 主要内容 | 备注 |
|---|---|---|
| 9:30-9:40 | 宣布开会，介绍领导嘉宾 | 主持人：崔乃刚 |
| 9:40-9:55 | 嘉宾致辞 | 主持人：崔乃刚 |
| 9:55-10:00 | 合影 | |
| 教学经验分享报告 | | |
| 10:00-10:40 | 基于卫星工场的大学生创新能力培养探索与实践 | 主讲人：王峰 |
| 10:40-11:00 | 茶歇 | |
| 11:00-11:40 | 微小卫星的大学生实践与探索 | 主讲人：郭建国 |
| 11:40-12:20 | 参观哈工大卫星技术研究所 | 介绍人：王峰 |
| 午餐（西苑宾馆包房6） | | |
| 14:00-14:40 | 南京理工大学新时代航天科技教育探索与实践 | 主讲人：张翔 |
| 14:40-15:20 | 基于纳星创新基地的军事航天人才培养探索与实践 | 主讲人：赵勇 |
| 15:20-16:00 | 教学研讨、经验交流 | 主持人：崔乃刚 |
| 晚餐 | | |

图 3-25  活动主要安排

### 3.4.3 大会交流活动

会议由航空航天教指委委员**崔乃刚**教授主持，哈尔滨工业大学**沈毅**校长助理代表承办单位致欢迎词，航空航天教指委**蔡国飙**主任委员代表主办单位致辞，航空航天教指委**刘莉**副主任委员介绍了活动的宗旨和流程。

崔乃刚　　　　　　　　　　沈毅　　　　　　　　　　蔡国飙、刘莉

图 3-26  会议主持人和嘉宾

特邀的4位主讲教师分别介绍了各自学校卫星相关的学生创新能力培养教学活动建设和教学改革的实践与经验。

哈尔滨工业大学**王峰**研究员全面介绍了基于"卫星工场"的创新人才培养方法和培养成果。国防科技大学**赵勇**教授深入介绍了基于纳星创新基地军事航天创新人才培养的探索与实践。南京理工大学**张翔**副教授结合卫星创新基地建设介绍了本校的航天科技创新教育。西北工业大学**郭建国**教授介绍了微小卫星的大学生实践与探索。

王峰　　　　　　赵勇　　　　　　张翔　　　　　　郭建国

图 3-27　主讲教师风采

图 3-28　大会报告

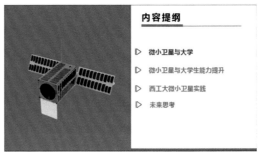

图 3-28　大会报告（续）

图 3-29　大会现场

### 3.4.4　自由讨论

会上，来自国内高校的一线教师分享了各自学校在"卫星工场"类实践环节中的教学体会和经验，并对学生创新能力培养方式、方法进行了热烈的研讨。

### 3.4.5　现场参观

全体参会代表参观了哈尔滨工业大学大卫星技术研究所的"卫星工场"实践基地，听取了基地教师的详细介绍。

图 3-30　现场参观

## 3.5 第 5 次课程交流和教师培训：飞行动力学

### 3.5.1 活动概况

**活动名称**：航空航天类专业"飞行动力学"课程交流和教师培训

**承办单位**：西北工业大学航空学院

**协办单位**：北京航空航天大学出版社

**会议召集人**：李军 教授 教育部高等学校航空航天类专业教学指导委员会 委员

**课程召集人**：高正红 教授 西北工业大学航空学院

**活动时间**：2019 年 9 月 21 日

**参会代表**：全国 23 所高校的 64 名代表参加了交流和培训活动

**主讲教师**：高正红、王立新、陈仁良、唐胜景、汤国建、徐浩军

图 3-31　参会代表合影

**高正红**

西北工业大学航空学院教授、博士生导师，陕西省人大常委，中国空气动力学会副理事长，中国航空学会理事，国际航空科学大会（ICAS）学术委员会委员。先后负责完成了国家自然基金、国家 973 项目以及国家预研项目等，获得国家科技进步一等奖 1 项，省部级科技进步奖 5 项，第三届中国学位与研究生教育成果奖一等奖，获得首届全国创新争先奖、第二届"冯如"航空科技精英奖。

## 王立新

博士，教授／博导，北京航空航天大学飞行力学系主任。荣获教育部"新世纪优秀人才计划"资助，日本科技厅"杰出科学家"奖金资助等。工信部民机科研规划飞行器组、军委科技委总体平合组、空装预研专家组专家。《航空学报》《Chinese J. Aeronautics》编委会委员、中航620所、611所、试飞院、商飞试飞中心、航天科工高超声速科技工程中心学术委员会委员、中央电视台和北京电视台航空科技问题特邀评论专家等。

## 陈仁良

南京航空航天大学航空学院教授，1985年获南京航空航天大学直升机设计学士学位，1988年获飞行器设计硕士学位，1998年获飞行器设计博士学位，1999年至2002年美国马利兰大学航空系博士后。长期从事直升机飞行力学的教学与科研工作，主讲"直升机飞行力学"课程，出版《直升机飞行动力学》教材1部，获省部级教学成果奖2项、科技进步奖8项。现任航空学会直升机分会主任委员、教育部高等学校航空航天类专业教学指导委员会委员。

## 唐胜景

北京理工大学宇航学院教授、博士生导师，德国慕尼黑工业大学博士。长期从事飞行力学与控制、飞行器总体设计等的教学科研和人才培养工作，主持承担国家自然科学基金与国防科研项目多项，获部级科技进步奖二等奖、三等奖各1项；主编教材获评北京高等教育精品教材，且为"十二五"普通高等教育本科国家级规划教材；多次获国家级教学成果奖二等奖、北京市高等教育教学成果奖一等奖；获北京市教学名师奖，被评为北京市优秀教师，负责团队获批为工业和信息化部研究型教学创新团队，曾受聘为教育部航空航天类专业教学指导委员会委员。

**汤国建**

国防科技大学空天科学学院教授、博士生导师，全军院校育才奖金奖获得者。长期从事飞行器动力学与控制领域教学与科研工作，获得国家级教育成果二等奖 1 项，湖南省教学成果一等奖 1 项，国防科技大学教学成果一、二等奖各 1 项，研究成果获得军队及省部级科技进步一等奖 1 项、二等奖 5 项。现任军委科技委某重大项目专家组专家、精确制导专业组专家、国家某重大专项工程专家委员会成员，中国自动化学会空间及运动体控制专业委员会副主任，中国航空学会飞行力学与飞行试验专业分会委员。

**徐浩军**

空军工程大学航空工程学院教授、博士生导师、空军级专家。1996—1999 年俄罗斯儒可夫斯基空军工程学院留学。第三届"空军十大杰出青年"，入选新世纪百千万人才国家级人选，获政府特殊津贴，中国青年科技奖，中国科协"求是"杰出青年实用工程奖"，"军队院校育才奖"金奖，国家科技进步一等奖和国家教学成果二等奖各 1 项，发表学术专著 5 部，学术论文 80 余篇。

### 3.5.2 活动主要安排

图 3-32　活动主要安排

### 3.5.3 大会交流活动

会议由航空航天教指委委员**李军**教授主持，西北工业大学航空学院院长**邓子辰**教授代表承办单位致欢迎词，航空航天教指委**刘莉**副主任委员代表主办单位致辞，并介绍了活动的宗旨和流程，北京航空航天大学出版社**赵延永**副社长代表协办单位致辞。

李军　　　　　　邓子辰　　　　　　刘莉　　　　　　赵延永

图 3-33　会议主持人和嘉宾

特邀的 6 位主讲教师分别介绍了各自学校"飞行动力学"课程建设和教学改革的实践与经验。

西北工业大学航空学院**高正红**教授结合该校飞行力学课程与飞行器设计专业的教学，阐述了自己对新时代"飞行动力学"课程教学的思考。北京航空航天大学航空科学与工程学院**王立新**教授全方位介绍了该校"飞行动力学"课程教学情况，分享了自己独到的教学经验和体会。南京航空航天大学航空学院**陈仁良**教授介绍了极具本校特色的"直升机飞行动力学"课程，详细讲述了从课程内容到实践环节的教学思路和体会。北京理工大学宇航学院**唐胜景**教授针对研究型课程的特点，分享了基于科教融合的研究型课程建设的探索与实践经验。国防科技大学空天科学学院**汤国建**教授着重介绍了"空天飞行力学"课程的发展，并结合军队院校特色提出面临的问题和自己的见解。空军工程大学航空工程学院**徐浩军**教授结合本校"飞机飞行动力学"课程，分析学情和教学实际，体现出鲜明的特色。

| 高正红 | 王立新 | 陈仁良 |
| --- | --- | --- |
| 唐胜景 | 汤国建 | 徐浩军 |

图 3-34　主讲教师风采

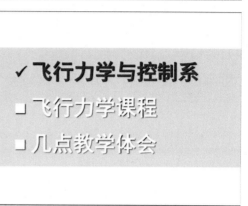

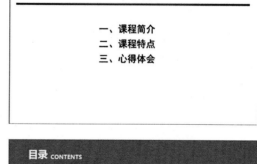

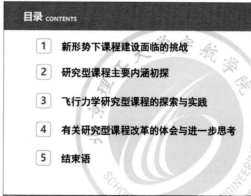

图 3-35　大会报告

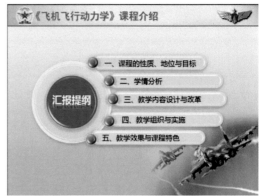

图 3-35　大会报告（续）

图 3-36　大会现场

### 3.5.4　自由讨论

参会代表分为"航空""宇航"两个组，围绕各个院校航空航天类专业"飞行动力学"相关课程的教学内容、教学方法、教学管理，以及针对理论和实践课程教学过程中遇到的问题、难点及其解决办法展开了热烈的研讨，并就航空、航天的特色展开了分析。

图 3-37　自由讨论

### 3.5.5　现场参观

在西北工业大学航空学院**万方义**教授的带领下，参会代表参观了国家级"航空实验教学示范中心"。通过现场参观和实地考察，代表们对西北工业大学相关课程的实践教学情况有了更加深入的了解和认识。

图 3-38　现场参观

## 3.6 第 6 次课程交流和教师培训：航空发动机原理 / 结构

### 3.6.1 活动概况

**活动名称**：航空航天类专业"航空发动机原理 / 结构"课程交流和教师培训

**承办单位**：空军工程大学航空工程学院

**协办单位**：北京航空航天大学出版社、陕西省教指委航空航天与兵器类工作委员会

**会议召集人**：杨智春 教授 教育部高等学校航空航天类专业教学指导委员会副主任委员

**课程召集人**：于锦禄 副教授 空军工程大学航空工程学院

**活动时间**：2020 年 10 月 24 日

**参会代表**：全国 42 所高校和研究院所的 140 名代表参加了交流和培训活动

**主讲教师**：尚守堂、于锦禄、马艳红、郑龙席、李传鹏、李书明、王平、秦海勤

图 3-39　参会代表合影

**尚守堂**

中国航发沈阳发动机研究所燃烧、隐身等专业总师和型号常务副总师，研究员。1987—1991 年获西北工业大学大航空发动机学士，1991 年 8 月进入沈阳发动机研究所工作，1996—1999 年获南京航空航天大学工程热物理工学硕士，2014 年获北京航空航天大学热能工程工学博士。曾主持"昆仑""太行"等多型发动机主燃、加力、喷管等研制和总体设计工作。

**于锦禄**

空军工程大学航空工程学院副教授，硕士生导师。陕西省特支计划科技创新领军人才，陕西省高校青年科研创新团队负责人，国家精品课程主要建设完成人；获全国教育教学信息化大奖赛一等奖2项。主持国家自然科学基金重大研究计划项目、面上项目、青年项目各1项，主持国防预研基金项目、军委科技委创新特区项目以及陕西省自然基金项目各1项，第一作者（通信作者）发表学术论文50余篇，SCI/BI收录20余篇，授权发明专利10项，担任国家自然科学基金同行评议专家。指导学生参加全国大学生机械创新设计大赛获一、二等奖。

**马艳红**

北京航空航天大学教授、博士生导师，北京市青年教学名师。1994—2005年北京航空航天大学能源与动力工程学院攻读本科、硕士、博士学位，2011—2012年公派密歇根大学访问学者，2017年某国家重点项目发动机支撑团队核心专家。主讲本科生和研究生课程6门，其中国家精品在线开放课程1门、国务院学位委员会批复的学科核心课1门。出版教材2本，获北京市精品教材和中国大学出版社优秀教材一等奖。曾获北京青年教师教学基本功比赛一等奖和最佳教案奖、宝钢优秀教师奖、国防科技进步二等奖。

**郑龙席**

西北工业大学动力与能源学院教授、博士生导师。1993年至今，先后任西北工业大学动力与能源学院助教、讲师、副教授、教授。研究方向包括新概念脉冲爆震发动机、航空发动机结构强度与振动。西北工业大学"航空发动机结构与强度"教学团队负责人，长期担任本科和研究生航空发动机结构相关教学工作，获2011年度"西北工业大学本科教学最满意教师"奖。主编工业和信息化部"十二五"规划教材《新型喷气发动机技术》。担任中国工程热物理学会爆震与新型推进专业委员会委员、航空发动机振动技术航空科技重点实验室学术委员会委员。

**李传鹏**

南京航空航天大学副教授，硕士生导师。1996—2005 年，在南京航空航天大学动力工程系 ( 能源与动力学院 ) 攻读本科、硕士、博士学位；2005.11—2006.11，香港科技大学访问学者；2008.9—2008.12，大型客机联合论证工程队成员；2009.9—2012.3，中国商用飞机有限责任公司博士后；2014. 9—2015.9，美国迈阿密大学访问学者。主要研究方向包括叶轮机气体动力学、航空发动机气动稳定性、轴流压气机流动控制和扩稳技术。主讲"航空发动机原理""航空发动机总体设计""燃气轮机原理与构造"等课程。

**李书明**

中国民航大学教授，硕士生导师，发动机系主任，飞行器动力工程专业负责人。2000—2001 年公派美国密苏里哥伦比亚大学访问学者。担任教育部高等学校航空运输与工程教学指导分委员会委员，天津市智能制造与设备维修技术协会专家组成员。曾荣获天津市教育系统教工先锋岗先进个人、中国民航大学十佳教师、教学名师等。担任航空发动机构造天津市精品课程、天津市一流建设课程负责人和天津市教学团队带头人，主编教材 3 部。主讲"航空发动机构造""航空发动机设计与修理"等课程。

**王平**

空军航空大学航空作战勤务学院副教授，"航空动力装置"课程改革负责人，航空装备 VR 模拟训练系统"双重"实验室建设负责人，获空军航空大学教学比赛一等奖，全国职业院校教学能力比赛三等奖。主要承担本科及研究生"航空动力装置""空中机械控制""航空发动机数值仿真"等课程。立三等功 1 次。

**秦海勤**

海军航空大学青岛校区副教授、硕士生导师，2011年博士毕业于海军航空工程学院，目前担任海军航空大学青岛校区航空机械工程与指挥系航空发动机教研室副主任。主要研究方向，航空发动机总体结构和总体性能，承担本科生主要课程"航空发动机构造""航空发动机结构与强度"，硕士研究生课程"机械振动""转子动力学"。

### 3.6.2 活动主要安排

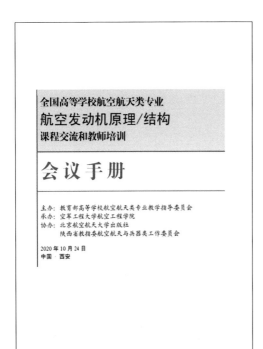

图3-40 活动主要安排

### 3.6.3 大会交流活动

会议由航空航天教指委副主任委员**杨智春**教授主持，空军工程大学航空工程学院**解武杰**院长代表承办单位致欢迎词，航空航天教指委**刘莉**副主任委员代表主办单位致辞，并介绍了活动的宗旨和流程，教指委委员**李军**教授代表协办单位陕西省教指委航空航天与兵器类工作委员会致辞。

杨智春　　　　　解武杰　　　　　刘莉　　　　　李军

**图 3-41　会议主持人和嘉宾**

特邀的 8 位主讲教师（1 位研究所专家和 7 位高校教师）分别介绍了研发单位和企业对专业人才的培养需求，各自学校"航空发动机原理/结构"类课程建设和教学改革的实践与经验。

中国航发集团沈阳航空发动机设计所**尚守堂**总师通过腾讯会议平台，在线介绍了工业部门对高校航空发动机原理与结构类课程的教学需求。空军工程大学航空工程学院**于锦禄**副教授讲述了"航空发动机原理"精品课程建设经验和教学体会。北京航空航天大学能源与动力工程学院**马艳红**教授介绍了"航空燃气涡轮发动机结构"课程教学情况，分享了自己独到的教学经验和体会。西北工业大学动力与能源学院**郑龙席**教授分享了"航空发动机结构分析"课程的"四维一体"教学模式。南京航空航天大学能源与动力学院**李传鹏**副教授介绍了"航空燃气涡轮发动机原理"课程建设和教学实施情况。中国民航大学**李书明**教授介绍了民航机务专业"航空发动机构造"课程的特点及教学情况；空军航空大学航空作战勤务学院**王平**副教授介绍了"航空动力装置"课程建设和教学实施情况。海军航空大学青岛校区**秦海勤**副教授也通过腾讯会议平台，在线讲解了"航空发动机构造"课程的教学经验。

尚守堂　　　　　于锦禄　　　　　马艳红　　　　　郑龙席

李传鹏　　　　　李书明　　　　　王平　　　　　秦海勤

图 3-42　主讲教师风采

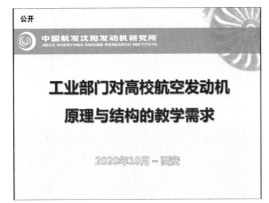 

 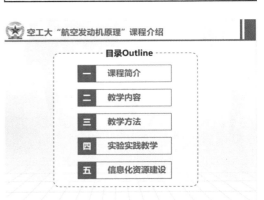

图 3-43　大会报告

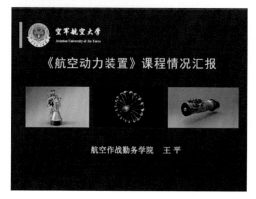
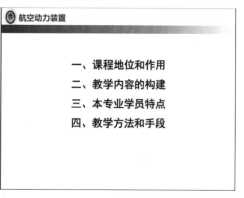

图 3-43　大会报告（续）

图 3-43 大会报告（续）

图 3-44 大会现场

### 3.6.4 自由讨论

参会教师围绕各个院校航空航天类专业"航空发动机原理/结构"类课程的教学内容、教学方法，以及针对理论教学和实践教学过程中遇到的问题、难点及解决办法展开了热烈的研讨。

图 3–45　自由讨论

### 3.6.5 现场参观

全体参会教师先后参观了空军工程大学航空工程学院的飞机与发动机维修保障国家级实验教学示范中心、军事航空科技博物馆、模拟教学中心和发动机陈列室，现场观摩了某型战斗机发动机试车过程。

图 3–46　现场参观

## 3.7　第7次课程交流和教师培训：航空航天概论

### 3.7.1　活动概况

**活动名称**：航空航天类专业"航空航天概论"课程交流和教师培训

**承办单位**：南京航空航天大学

**协办单位**：北京航空航天大学出版社

**会议召集人**：陈仁良 教授 教育部高等学校航空航天类专业教学指导委员会 委员

**课程召集人**：昂海松 教授 南京航空航天大学航空学院

**活动时间**：2020 年 12 月 19—20 日

**参会代表**：全国 25 所高校的 77 名代表参加了交流和培训活动

**主讲教师**：昂海松、杨超、李华星、郑耀、刘洪、岳玉梅、江善元、崔乃刚、向敏、郝红武

图 3-47　参会代表合影

**昂海松**

南京航空航天大学航空学院教授、博士生导师，国家级教学名师。曾任航空宇航学院院长，现任国家级航空工程实验教学示范中心主任、大学生航空科技创新基地专家组长、研究生教学督导组长和航空学院教学督导组长、中国航空学会理事、中国研究生未来飞行器设计大赛专家委员会委员等。获国家科技进步二等奖1项，国家级教学成果8项，国防科技进步一等奖2项，出版了11部教材专著。享受国务院政府特殊津贴，全国模范教师，国防科技工业和中国航空工业有突出贡献专家，冯如航空科技精英奖、中国航空学会杰出贡献奖、国庆70周年纪念章获得者。

**杨超**

北京航空航天大学航空科学与工程学院教授，博士生导师，北京市教学名师。冯如书院院长，航空器先进设计技术工业和信息化部重点实验室主任；兼任中国空气动力学会空气弹性分会副主任、中国航空学会结构强度分会副主任飞机总体分会委员。负责并主讲的全校本科生核心通识课"航空航天概论"先后成为国家级精品课、国家级精品视频公开课、国家级精品资源共享课、国家级精品在线开放课程、国家级线上一流（国家级精品在线开放课程）课程，上线"学习强国"慕课。

**李华星**

西北工业大学航空学院二级教授，博士生导师，陕西省航空学会常务理事。长期从事航空工程教育与科研工作，主持国家和省部级科研项目40余项，发表学术论文著作百余篇，研究成果多次获省部级科技进步奖，先后获一项国家教学成果奖和两项陕西省教学成果特等奖。曾在德国宇航院、美国加州大学洛杉矶分校、澳大利亚国立大学、新西兰奥克兰大学从事科学和教育研究工作。曾任西北工业大学国防研究院副院长、人事处副处长、航空学院党委书记、国际合作处处长兼国际教育学院院长。

## 郑耀

浙江大学航空航天学院教授，博士生导师。教育部"长江学者"特聘教授（2001），国家杰出青年科学基金获得者（2002），英国威尔士大学博士，原美国国家航空航天局（NASA）格伦研究中心高级研究科学家。筹备和建设了浙江大学航空航天学院、航空航天数值模拟与验证教育部重点实验室、教育部新型飞行器联合研究中心、浙江省涡轮机械与推进系统研究院、浙江省无人机技术重点实验室。主要从事飞行器设计与工程、航空宇航推进理论与工程等领域的研究，主讲"航空航天技术概论""航空航天导论""复合材料力学"等本科生课程。

## 刘洪

上海交通大学航空航天学院长聘教授，博士生导师，吴镇远空气动力学中心主任。自 2003 年开始，作为上海交通大学飞行器设计学科负责人主要从事飞行器设计的空气动力学理论、高超声速空气动力学研究。负责的"飞行器设计"学科于 2016 年获批为国防特色学科。近些年来聚焦高超声速飞行器空气动力学理论、超声速燃烧等重大国防前沿关键技术及飞行器设计中空气动力学基础科学问题研究，作为负责人主持国家自然基金委重点及重大项目等。

## 岳玉梅

沈阳航空航天大学教授，于日本名古屋大学获得工学博士学位。多年致力于本科教学，曾获得辽宁省优秀硕士学位论文指导教师、辽宁省沈阳市高校优秀教师、辽宁省沈阳市"师德"先进个人、沈航本科生第三届"我最喜爱的老师"、连续获得两届沈航研究生"良师益友"等荣誉称号。此外，获得辽宁省沈阳市科协资助出版优秀学术专著，并获得辽宁省沈阳市自然科学学术成果一等奖。主持多项国家级、省级以上项目，并发表很多高水平的 SCI 学术论文。

## 江善元

南昌航空大学飞行器工程学院教授，航空文化教研部主任。主持和参与了多项纵向课题（国家自然基金、航空基金等）科研课题工作，并主持完成了多项横向课题的研究工作，获得了 4 项航空科技发明专利授权，近年发表论文 12 篇，EI 收录 1 篇，SCI 1 篇。从事"航空航天概论"课程教学工作 18 年，并担任课程负责人。

## 崔乃刚

哈尔滨工业大学航天学院教授，博士生导师，航天工程系主任，主要研究方向：导弹飞行力学与控制、飞行器组合导航导、弹武器系统攻防对抗仿真等。曾获国家级科技进步二等奖 1 次，省部级科技进步一、二、三等奖 10 项，国家级教学成果二等奖 1 次，省级教学成果二等奖 3 项。主要学术兼职：任国家某重点武器型号副总师，国防基础科研先进设计领域专家组专家；军科委防空反导专业组专家；载人登月论证组专家；航天一院科技委特聘委员，航天一院研发中心学术顾问，黑龙江省航空学会副理事长，中国宇航学会导弹及航天运载专业委员、空气动力学与飞行力学专业委员会和飞行器任务规划委员会委员；《航空学报》《宇航学报》《弹道学报》《哈尔滨工业大学学报》等期刊编委。教育部国防专业教学指导委员会委员、哈尔滨工业大学教学带头人和教学名师。

## 向敏

国防科技大学空天科学学院副研究员，清华大学博士后。长期从事飞行器设计方向教学科研工作。获校级教学成果二等奖 1 项，校教学能手比赛一等奖 1 项，获评 2019 年校级优秀教学奖。指导研究生获全国未来飞行器创新大赛一等奖和二等奖各 1 项。主要从事跨介质飞行器和多相流理论研究，作为负责人承担国家自然科学基金、科技委基础加强项目专题等项目近 10 项。发表SCI 检索论文 30 余篇，出版专著和译著各 1 部。

### 郝红武

西安航空学院教授，"航空航天概论"重要公共基础课程负责人。从教以来，先后教授过"工程力学""民用飞机飞行力学""航空航天概论""航空工程英语"等多门课程。作为课程负责人，带领团队成员致力于教育教学改革和课程建设、旨在培养航空特色鲜明的应用型本科人才。近年来主持和参与教学改革项目6项，主编教材3部，发表教学改革论文3篇，荣获陕西省高等学校教学成果一等奖1项。

### 3.7.2 活动主要安排

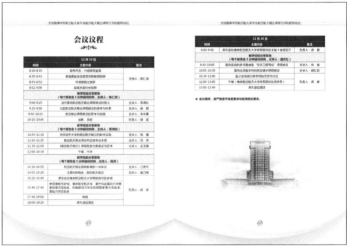

图 3-48 活动主要安排

### 3.7.3 大会交流活动

会议由航空航天教指委委员**陈仁良**教授主持，南京航空航天大学航天学院院长**叶培建**院士代表承办单位致欢迎词，航空学院**陆洋**副院长代表航空学院对参会代表的到来表示欢迎，航空航天教指委**刘莉**副主任委员代表主办单位致辞，并介绍了活动的宗旨和流程。

陈仁良　　　　　叶培建　　　　　陆洋　　　　　　刘莉

图 3-49　会议主持人和嘉宾

特邀的 10 位主讲教师分别介绍了各自学校"航空航天概论"课程建设和教学改革的实践与经验。

南京航空航天大学航空学院**昂海松**教授从相关院校各专业必修课、专业的坚实基础等五个方面，阐述了重视航空航天概论课程的现实意义。北京航空航天大学航空科学与工程学院**杨超**教授立足于本校"航空航天概论"课程，深入探讨了此课程的定位与建设。西北工业大学航空学院**李华星**教授从七个方面介绍其教学团队对于航空概论课程建设的思考与实践。浙江大学航空航天学院**郑耀**教授从综合性大学的课程建设讲起，分享了其教学团队对专业教育与通识教育，以及思政教学的思考。上海交通大学航空航天学院**刘洪**教授就航空航天概论课如何正视专业本质这一问题，从航空航天意义、学习内容与方法三个方面进行了讲述。沈阳航空航天大学**岳玉梅**教授、南昌航空大学飞行器工程学院**江善元**教授则重点突出了航空航天概论课程中思政元素的建设与思考。哈尔滨工业大学航天学院**崔乃刚**教授介绍了注重科教融合对课程质量提升的体会。国防科技大学空天科学学院**向敏**教授结合学校特色，对面向实战的多元融合型"空天工程导论"课程建设进行介绍。西安航空学院**郝红武**教授则介绍了面向应用型本科的航空通识课程建设。

昂海松　　　　　　　杨超　　　　　　　李华星

图 3-50　主讲教师风采

郑耀　　　　　　刘洪　　　　　　岳玉梅

江善元　　　　崔乃刚　　　　向敏　　　　郝红武

图 3-50　主讲教师风采（续）

图 3-51　大会报告

图 3-51 大会报告（续）

图 3-51　大会报告（续）

图 3-52　大会现场

### 3.7.4　自由讨论

与会代表分组就课程建设举措成效和课程改进方向等进行了热烈讨论。与会代表纷纷表示，通过交流研讨，更加明确了课程建设方向，更加坚定了教书育人的使命。

图 3-53　自由讨论

图 3-53　自由讨论（续）

### 3.7.5　现场参观

会议期间，与会代表还分别参观了南京航空航天大学校史馆、南京航空航天馆、直升机旋翼动力学国家级重点实验室、机械结构力学及控制国家重点实验室、基础力学实验室。

图 3-54　现场参观

图 3-54　现场参观（续）

## 3.8　第 8 次课程交流和教师培训：飞行控制

### 3.8.1　活动概况

**活动名称：** 航空航天类专业"飞行控制"课程交流和教师培训

**承办单位：** 上海交通大学航空航天学院和复旦大学航空航天系

**协办单位：** 北京航空航天大学出版社

**会议召集人：** 胡士强 / 孙刚 教授 教育部高等学校航空航天类专业教学指导委员会 委员

**课程召集人：** 陆蓓 教授 上海交通大学航空航天学院

**活动时间：** 2021 年 4 月 17—18 日

**参会代表：** 全国 38 所高校和研究所的 101 名代表参加了交流和培训活动

**主讲教师：** 章晓春、张曙光、艾剑良、刘艳、张绍杰、刘树光、陆蓓

（a）大会代表合影

（b）参会教指委委员合影

**图 3-55　参会代表合影**

## 章晓春

研究员级高级工程师，上海飞机设计研究院飞机电控集成工程技术所飞控系统部副部长，长期从事民机飞控系统的设计和研究工作，先后负责和参与了 ARJ21-700、C919 和 CR929 飞控系统研制和适航取证工作，目前作为项目负责人开展 ARJ21-700 飞机飞控系统设计优化和航线运营保障工作。

## 张曙光

北京航空航天大学交通科学与工程学院教授、博士生导师，北京航空航天大学航空器适航技术专业主要创建人、责任教授，2018—2020 年度受聘德国慕尼黑工业大学客座教授。中国航空学会飞行力学专业委员、中国民航多个型号合格审定委员。主要研究领域为飞行力学、飞行控制和飞行安全性，并承担相关课程教学。近期重点研究分布式推进新布局"绿色"飞机、电动垂直起降飞行器、无人飞行器等相关飞行控制、安全性和造航问题。发表文章 150 余篇，出版教材 1 本、译著 1 本、专著 2 本。获得国防科技进步、军队科技进步和教育部科技进步等奖项 10 项，其开发的软件和控制方法等研究成果已为国内军、民机多个型号应用。

## 艾剑良

复旦大学航空航天系教授、博士导师。目前担任复旦大学科学技术研究院副院长、飞行器设计研究所所长。长期从事飞行器总体设计、飞行力学与飞行控制、飞行仿真技术等领域的教学与科研工作。兼任中国航空学会理事、中国空气动力学学会理事、上海航空学会常务理事等。近几年将研究重点放在智能化飞行动力学及飞行控制领域，并初步形成飞行动力学、飞行控制、人工智能、信息科学、计算机科学等交叉的自主飞行与控制团队。近五年来，主持航空科学领域各类科研项目 10 余项，第一作者在国际期刊、国内重要核心期刊和国际会议发表航空航天学术论文 30 余篇。课题组拥有飞行控制与仿真实验室，目前拥有 6 台各种类型的研究型半物理飞行模拟器，是国内高校规模最大、功能最强的综合型现代化飞行控制实验室。

## 刘 艳

西北工业大学航空学院副教授，主要从事飞行动力学与飞行控制方向的教学科研工作。主持承担国家自然科学基金青年、装备预研基金、航空科学基金及航天科学技术基金等项目，曾获省部级科技进步奖三等奖1项。主讲飞行动力学(下)、飞行器稳定性与操纵性(英)及飞机飞行控制(英)等本科生课程。作为课程负责人制作完成慕课"飞行器稳定性与操纵性(英)"及"高等飞行动力学"。主讲的飞行动力学(下)为陕西省课程思政示范课及西北工业大学线上线下一流课程。

## 张绍杰

南京航空航天大学自动化学院副教授，自动控制系副主任。主要从事先进控制理论、飞行控制、航空航天系统建模与仿真等研究，担任本科生"自动控制理论"和研究生"最优控制理论"等课程任课教师。发表学术论文70余篇，SCI、EI检索40余篇，承担国家自然科学基金面上项目、工业和信息化部民机专项、装备预研、航空基金等科研项目20余项。美国Mathematical Reviews评论员，江苏省自动化学会控制理论与应用专业委员会委员。曾获上海市科技进步二等奖、江苏省教学成果一等奖等奖励。

## 刘树光

空军工程大学装备管理与无人机工程学院副教授。从事无人机自主控制技术及应用研究，主讲"自动控制原理""无人机制导控制"课程。获得全国职业院校信息化教学大赛一、二等奖各1项，校级教学竞赛一等奖3项；第一完成人获得陕西省高等教育教学成果一等奖1项、军队级教学成果二等奖1项、校级教学成果一等奖2项。首批国家级虚拟仿真实验教学一流课程、陕西省本科线下一流课程、校级"金课"负责人；获评校级"优秀教员标兵"、校级"课改先锋"。负责完成各类科学基金、装备预研项目10余项，获军队科技进步三等奖1项，发表论文30余篇，SCI索引14篇。

## 陆 蓓

上海交通大学航空航天学院长聘教授、博士生导师。曾任加州州立大学长堤分校机械航空系助理教授、副教授、教授。长期从事动力学与控制领域的教学与科研工作，出版教材 1 部。先后主讲"动力学""系统建模与分析""机械控制系统""机器人建模与控制""飞行力学""飞行控制"等本科生课程以及"工程振动""鲁棒控制""现代飞行控制系统"等研究生课程。主要研究方向为鲁棒控制理论、线性变参数系统控制理论的发展及其在飞行器控制中的应用。

### 3.8.2　活动主要安排

图 3-56　活动主要安排

### 3.8.3　大会交流活动

会议由航空航天教指委委员**胡士强**教授和**孙刚**教授主持。上海交通大学**吴静怡**副教务长代表承办单位致欢迎词，航空航天教指委**蔡国飙**主任委员代表主办单位致辞，航空航天教指委**刘莉**副主任委员介绍了活动的宗旨和流程。

胡士强　　　　　孙刚　　　　　吴静怡　　　　　蔡国飙　　　　　刘莉

**图 3-57　会议主持人和嘉宾**

特邀的 7 位主讲教师（1 位研究院所专家和 6 位大学教师）分别介绍了企业对专业人才培养的需求，以及各自学校"飞行控制"课程建设和教学改革的实践与经验。

中国商飞上海飞机设计研究院飞控系统部**章晓春**部长从行业特点出发，深入介绍了飞机的系统构成和设计理念，回顾了中国大飞机人的成长之路，提出理论教学和工作实践齐头并进，将课程送进校园的构想。北京航空航天大学交通科学与工程学院**张曙光**教授通过深入分析教材，建立系统性的飞行控制知识群和实验辅助教学的方法，介绍了在航空发展的新需求下，对飞行控制课程的教学认识和实践。复旦大学航空航天系**艾剑良**教授从课程难点、重点等方面，深入介绍了理论与应用相结合的教学方法，并通过鼓励学生参加竞赛，以及和一线飞行员展开系统沟通等方式，进一步探索改善现有教学方法的途径。西北工业大学航空学院**刘艳**副教授采用"基于知识点、结合实例 / 时事"的模式，开展生动、有亲和力的课程思政，有效提高学生课堂专注度与效率，培养学生的工程意识和理论联系实际的能力。南京航空航天大学自动化学院**张绍杰**副教授分享了本校不断完善教学梯队结构，更新出版教材，建设教学案例库、专家专题讲座库等资源库，研制多类型软硬件相结合的教学资源，培养学习创新实践能力的宝贵经验。空军工程大学装备管理与无人机工程学院**刘树光**副教授介绍了在课程建设中，对重构实验教学新生态、项目培育和建设、实验教学模式改革等方面的探讨和实践，分享了在飞行控制课程建设方面的最新成果。上海交通大学航空航天学院**陆蓓**教授基于工程认证理念，指出飞行控制课程建设应该着眼于与实际世界的联系和对社会发展的影响、着眼于学生掌握基础理论知识以及具体方法的能力，为课程建设提供了重要的思路。

章晓春　　　　　　　张曙光　　　　　　　　艾剑良

刘艳　　　　　　张绍杰　　　　　　刘树光　　　　　　陆蓓

图 3-58　主讲教师风采

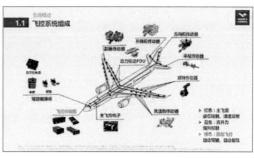

图 3-59　大会报告

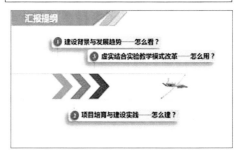

图 3-59　大会报告（续）

图 3-60　大会现场

### 3.8.4　自由讨论

全体参会代表在上海交通大学分为五个小组，就课程建设最新成果、改进方向等进行了热烈讨论。与会嘉宾纷纷表示，通过本次课程交流，更加明确了飞行控制课程建设方向和重点，收获了不同院校课程建设方面的宝贵经验，更加坚定了教书育人的责任感以及对"空天强国，空天报国"的理想信念。

图 3-61　自由讨论

图 3-61　自由讨论（续）

图 3-61　自由讨论（续）

### 3.8.5　现场参观

与会代表前往中国商飞参观。在民用飞机模拟飞行国家重点实验室内，与会代表在悬挂有五星红旗和"长期奋斗、长期攻关、长期吃苦、长期奉献"大飞机精神标语下，听取了工作人员对 C919 大型客机和 ARJ21 支线飞机的研发历程、设计理念等方面的详细介绍，并走进 C919 样机驾驶室、客舱进行体验。

图 3-62　现场参观

图 3-62　现场参观（续）

图 3-62　现场参观（续）

### 3.8.6　教指委委员会议

18 日，在复旦大学举行了"板块"工作研讨会，13 位委员参加了研讨会。刘莉副主任委员汇报了后续相关工作的思路，与会委员就下一阶段工作的布局、分工和具体事项展开了充分讨论。

研讨会后，各位委员前往复旦大学飞行控制与仿真实验室参观指导。

图 3-63　现场参观

图 3-63　现场参观（续）

## 3.9 第9次课程交流和教师培训：飞行器制造工程专业实践教学环节

### 3.9.1 活动概况

**活动名称：** 航空航天类专业"飞行器制造工程专业实践教学环节"课程交流和教师培训

**承办单位：** 沈阳航空航天大学

**协办单位：** 北京航空航天大学出版社

**会议召集人：** 艾延廷 教授 教育部高等学校航空航天类专业教学指导委员会 委员

**课程召集人：** 王巍 教授 沈阳航空航天大学航空宇航学院

**活动时间：** 2021 年 7 月 4 日

**参会代表：** 全国 16 所高校和企业的 75 名代表参加了交流和培训活动

**主讲教师：** 潘新、蒋建军、杨立军、安鲁陵、李小强、孙士平、王巍

图 3-64　参会代表合影

**潘　新**

沈阳飞机工业（集团）有限公司副总工程师，工程技术中心常务副主任，研究员级高级工程师，航空工业集团特级专家，辽宁省优秀专家，辽宁省"百千万人才工程"百层次人选，"兴辽英才计划"百千万人才工程领军人才，辽宁省五一劳动奖章获得者，国家科技专家库专家。从事航空事业以来，获得各级集团立功10余次，国防科学技术进步奖1次，航空工业集团科学技术奖6次；主持国家科技重大专项"飞机后段自动精准对合技术与成套装备"，主持国家重点研发计划项目子项目"新概念增材制造构件系统功能/性能综合评价及应用示范"。发表核心期刊论文4篇，被EI收录2篇；作为副主编或参编出版著作3本；获批发明专利1项、实用新型专利7项。

**蒋建军**

西北工业大学机电学院教授，博士生导师，陕西省青年科技新星，陕西省特支计划科技创新领军人才，宝钢全国优秀教师。兼任中国创客教育基地联盟副理事长、西北高校工程训练研究会理事长，现任西北工业大学工程实践训练中心副主任（主持工作）。主要从事航空宇航制造工程科研和教学工作。承担飞行器制造工程专业核心课等3门本科生课程和2门研究生课程主讲任务。主持国家自然科学基金等国家级科研项目20余项，发表高水平学术论文60余篇，授权国家发明专利20余项，出版专著1部。先后荣获陕西省教学成果特等奖2项、一等奖2项，陕西省科技进步一等奖1项、国防科技进步二等奖1项。

### 杨立军

哈尔滨工业大学机电工程学院教授，博士生导师，航空宇航制造工程系主任。讲授"飞行器制造工艺与装备""飞行器惯性器件制造技术"等课程，完成教改项目3项，获得校教学成果一等奖2项。主要从事激制造、光机电增减材一体化等技术的研究工作，国家重点研发计划项目负责人，先后主持承担国家重点研发计划、国家自然科学基金、863计划、国防基础科研、科技重大专项等重大项目，获国防科技进步一等奖1项，省部级二等奖4项，发表SCI、EI检索的学术论文百余篇，授权发明专利17项。

### 安鲁陵

南京航空航天大学机电学院教授、博士生导师。为本科生讲授"飞机数字化制造技术""复合材料结构制造技术""飞行器制造技术基础"，为研究生讲授"软件工程""飞机装配技术"等课程，主编《飞行器制造技术基础》（"十三五"国防规划教材，北京航空航天大学出版社出版），主编《飞行器复合材料构件制造技术》获批工信部"十四五"规划教材立项建设1部（北京航空航天大学出版社），获国家教学成果二等奖1项，江苏省教学成果特等奖1项，江苏省教学成果二等奖1项。

### 李小强

北京航空航天大学机械工程及自动化学院副教授、博士生导师，院长助理，飞行器制造工程系党支部书记。获北京航空航天大学博士学位，2012—2013年公派美国俄亥俄州立大学工学院航空与机械工程系访问学者。讲授本科生和研究生课程4门，出版英文教材1部，获得校级教学成果三等奖1项。指导学生获得第二届中国"互联网+"大学生创新创业大赛金奖1项。长期从事高性能曲面薄壁构件柔性精密成形工艺与装备、面向服役性能的飞行器装配工艺与装备等研究，获中国航空学会科技进步一等奖1项，国防科技进步一等奖1项，辽宁省科技进步三等奖1项。

### 孙士平

南昌航空大学教授，硕士生导师。长期从事飞行器结构优化设计方法与理论研究，主持国家自然科学基金项目 3 项，发表相关论文 40 余篇，授权发明专利 2 项，获江西省高等学校科技成果奖、中国产学研合作创新与促进奖各 1 项。讲授本科生和研究生课程 5 门，主持江西省研究生优质课程建设项目、教学改革研究项目和教育部协同育人项目各 1 项，指导本科生开展"三小"、申报专利和参加学科竞赛等科创项目 20 余项，出版专业教材 2 部，获江西省教学成果奖一等奖 1 项。

### 王 巍

沈阳航空航天大学航空宇航学院教授。主要承担飞行器制造工程专业本科生、留学生以及研究生教学工作，讲授"飞机构造学""航空专业英语""飞机装配与测量实践""数字化飞机制造技术""航空航天概论"等课程。指导学生课程设计、毕业设计、生产实习、专业综合训练等。主持航空宇航学院航空工程实训中心的实践教学工作。主要从事飞机装配与测量、飞机虚拟装配、飞机工装设计等研究。主持国防基础科研、总装预研项目分课题、航空基金、辽宁省科技厅基金、辽宁省教育厅基金等省部级项目及多个横向科研课题；发表论文 30 多篇，作为主持人获得专利 3 项，软件著作权 4 项，实用新型专利 4 项。

### 3.9.2 活动主要安排

| 时间 | 主要内容 | 备注 |
|---|---|---|
| 8:30-8:40 | 宣布开会，介绍领导嘉宾 | 主持人：艾延廷 |
| 8:40-8:50 | 嘉宾致辞 | |
| 8:50-9:10 | 合影 | 行政楼门前 |
| 教学经验分享报告（每个报告5分钟提问时间，主持人：王巍） | | |
| 9:10-9:35 | 校企融合，共育飞行器制造专业人才 | 主讲人：潘新 |
| 9:35-10:00 | 学研结合，通过微中学探索飞制专业实践育人模式 | 主讲人：蒋建军 |
| 10:00-10:25 | 科研反哺教学，飞制专业个性化人才培养模式探索 | 主讲人：杨立军 |
| 10:25-10:30 | 茶歇 | |
| 教学经验分享报告（每个报告5分钟提问时间，主持人：马贵春） | | |
| 10:30-10:55 | 基于校内仿真与企业生产双平台的飞制专业实践模式初探 | 主讲人：安贵陵 |
| 10:55-11:20 | 依托科研重点实验室，培养飞行器智能制造创新创业学子 | 主讲人：李小强 |
| 11:20-11:45 | 产教融合模式的专业实践教学探索 | 主讲人：孙士平 |
| 11:45-12:10 | 基于飞行器制造实训中心的实践教学探索 | 主讲人：王巍 |
| 12:15-13:30 | 午餐，午休 | 行政楼门前有班车 |
| 参观交流 | | |
| 13:30 | 餐厅门前集合，乘车前往实验室参观 | |
| 13:30-15:00 | 乘车前往沈阳航空航天大学航空工程教学国家级示范中心、辽宁省通用航空研究院、数字化制造国际学科重点实验室、辽宁省航空推进系统先进测试技术重点实验室参观 | 负责人：邱福生 |
| 15:00-17:00 | 教学经验交流与讨论（分组） | 主持人：杨立军 安贵陵 王巍 |
| 17:00-17:20 | 乘车返回酒店 | 行政楼门前有班车 |
| 18:00-21:00 | 晚餐 | 诺华庭 |

图 3-65　活动主要安排

### 3.9.3 大会交流活动

会议由航空航天教指委委员**艾延廷**教授主持。沈阳航空航天大学**林峰**副校长代表承办单位致欢迎词，航空航天教指委**刘莉**副主任委员代表主办单位致辞，并介绍了活动的宗旨和流程。

艾延廷 林峰 刘莉

图 3-66　会议主持人和嘉宾

特邀的 7 位主讲教师（1 位企业专家和 6 位高校教师）分别介绍了企业对专业人才培养需求，以及各自学校"飞行器制造工程专业实验教学环节"的课程建设和教学

改革的实践与经验。

中航工业沈阳飞机制造有限公司副总师**潘新**研究员，系统介绍了飞机制造过程中的主要关键技术，深入分析了现代飞机制造技术的发展趋势，分享了自己多年的实践经验和体会。西北工业大学机电学院**蒋建军**教授，从实践育人需求出发，综述了国外大学相关专业的典型做法，介绍了探索"做中学"育人模式支撑飞行器制造工程专业实践育人的实际情况，并分享了具体案例。哈尔滨工业大学机电工程学院**杨立军**教授，介绍了本校飞行器制造工程专业人才培养特色，并就星箭一体化制造人才培养探索了科研反哺教学的个性化人才培养模式，分享了具体实施方案和途径。南京航空航天大学机电学院**安鲁陵**教授，分享了从校内仿真平台和企业实践育人两个平台建设入手，开展基于双平台实践教学改革的工作和成果。北京航空航天大学机械工程及自动化学院**李小强**副教授从飞行器智能制造技术发展概况入手，分享了依托科研重点实验室培养飞行器智能制造创新创业学子的经验，并对创新创业教育模式提出了独到的见解。南昌航空大学**孙士平**教授分享了产教融合模式的专业实践教学探索的报告，从专业现状、产教融合规划和实施等多个角度介绍了产教融合的育人模式。沈阳航空航天大学航空宇航学院**王巍**教授详细介绍了学校飞机装配实训基地的建设情况和实践教学资源，分享了基地多年来的教学经验和教学成果，为夯实学生的实践能力培养体系提供了有效的措施和思路。

潘新　　　　　　　蒋建军　　　　　　　杨立军

安鲁陵　　　　　李小强　　　　　孙士平　　　　　王巍

**图 3-67　主讲教师风采**

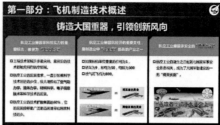

图 3-68　大会报告

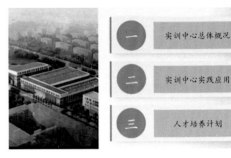

图 3-68　大会报告（续）

图 3-69　大会现场

### 3.9.4 自由讨论

参会代表分组就课程建设最新成果、改革方向等进行了热烈讨论。代表们纷纷表示，通过本次课程交流，更加明确了飞行器制造工程专业实践教学环节的建设方向和重点，收获了不同院校课程建设方面的宝贵经验，更加坚定了教书育人的责任感以及空天强国，空天报国的理想信念。

图 3-70　自由讨论

图 3-70　自由讨论（续）

### 3.9.5　现场参观

与会代表前往沈阳航空航天大学航空工程国家级实验教学示范中心、辽宁省通用航空研究院、数字化国防重点实验室进行了现场参观和考察。

图 3-71　现场参观

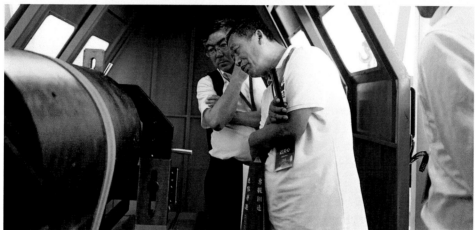

图 3-71　现场参观（续）

## 3.10　第 10 次课程交流和教师培训：军地融合　协同发展

### 3.10.1　活动概况

**活动名称：** 航空航天类专业"军地融合 协同发展"课程交流和教师培训

**承办单位：** 空军勤务学院（徐州）

**协办单位：** 北京航空航天大学出版社

**会议召集人：** 柏林 教授 教育部高等学校航空航天类专业教学指导委员会 委员

**课程召集人：** 柏林 教授 空军勤务学院（徐州）

**活动时间：** 2021 年 7 月 11 日

**参会代表：** 全国 23 所高校的 56 名代表参加了交流和培训活动

**主讲教师：** 张雄、梁彦刚、刘虎、董受全、韩庆、柏林

### 张雄

清华大学航天航空学院教授，国家级一流本科课程"理论力学"
负责人。获北京市高等学校教学名师奖、北京市教育创新标兵、
北京市高等教育教学成果奖二等奖、清华大学先进工作者、清华
大学教书育人先进个人、清华大学青年教师教学优秀奖、清华大
学优秀教学软件一等奖、清华大学优秀教材评选一等奖、教育部
自然科学奖二等奖和一等奖、钱令希计算力学成就奖等奖励。已
出版专著 4 部、教材 3 部、教学软件 4 套，发表期刊论文 150 余
篇，自 2015 年起连续入选爱思唯尔中国高被引学者榜单。

### 梁彦刚

国防科技大学教授。高超声速推进技术国家级实验教学示范中心
和力学与航天工程国家级虚拟仿真实验教学中心负责人。主要教
学科研方向包括动力学与控制、空天安全技术。主持国家自然科
学基金、国家 863 计划、装备预研等科研项目 10 多项，获军队科
技进步一等奖 1 项、二等奖 3 项，获军队教学成果一等奖 1 项、二
等奖 2 项，主持国家虚拟仿真实验教学项目 1 项，国家和省级一流
课程团队成员，出版专著 1 部、译著 1 部，发表学术论文 30 余篇。

## 刘虎

北京航空航天大学教授，博士生导师。飞机系主任、国家"万人计划"青年拔尖人才。负责国家级线下一流课程"飞机总体设计"及国家虚拟仿真实验教学一流课程"隐身飞机探究与设计"，担任"航空科学与技术"国家级虚拟仿真实验教学中心副主任、"航空器先进设计技术"工业和信息化部重点实验室副主任，"虚拟现实技术与系统"国家重点实验室VR+航空/军事领域学术带头人、《航空学报》中英文版青年编委、《航空工程进展》及《民用飞机设计与研究》编委。发起"航空航天设计联合课程"等计划，牵头联合多所高校及工业界编写的《飞机总体设计》本科生教材，入选了教育部高等学校航空航天类专业教学指导委员会推荐教材及北京市优质本科教材。提出的"竞争性团队设计"等特色模式，已从北航课堂竞赛发展成为了教育部高教司主办的中国大学生工程实践与创新能力大赛的飞行器设计仿真赛项，形成了产教融合与校际联合的长效机制。

## 董受全

海军大连舰艇学院教授、博士生导师。被聘为国务院学位委员会第八届学科评议组委员、2013—2017、2018—2022教育部高等学校航空航天类专业教学指导委员会委员。主要从事导弹专业教学与科研，主持防空反导重点学科专业建设，主讲课程8门，编写教材、专著9部。获国家级教学成果一等奖1项，军队级教学成果一等奖1项、二等奖1项、三等奖1项，海军级教学成果奖1项，军队科技进步一等奖2项、二等奖7项、三等奖8项。此次交流的课程"舰舰导弹战斗使用"课程为海军优质课程。

**韩庆**

西北工业大学副教授，现任航空学院合作发展部部长。国家级一流课程《飞行器设计实践》教学团队负责人；获陕西省"三秦人才"奖励，陕西省教学成果特等奖、二等奖各一项，陕西省科技进步二等奖一项。指导学生多次在飞鲨杯、创新杯、挑战杯、中航工业杯等创新大赛中获奖。主要研究方向为新概念飞行器原理与验证技术，飞行器高生存力评估、设计与验证技术，飞行器多属性综合优化设计与仿真。主讲本科生课程"飞行器设计实践""航空概论""航空概论实验""飞行平台总体设计""飞行器生存力技术"及研究生课程"线性与非线性规划""工程结构优化"等多门课程。参与翻译、编写译著、教材六部。

**柏林**

空军勤务学院航材四站系教授，专业技术三级，"全军优秀教师"、全军院校育才奖"金奖"获得者、学院"教学名师"。国家教育部航空航天类专业教学指导委员会委员，教育部学位评审中心特聘专家；全军法规制度及教材评审委员会专家组成员；空军、战略支援部队教学指导委员会专家咨询组成员；学院教学委员会副主任、教学督导组组长。作为负责人，获国家级教学成果二等奖1项、国家级精品课程1项、国家级一流本科课程1项，军队级教学成果一等奖1项；主持"十一五""十三五"国家教育规划课题2项；作为主编，出版发行军事理论专著5本；指导教员或学科组获国家级教学大赛二、三等奖以及军队级教学大赛一、二等奖，共14项。

### 3.10.2 活动主要安排

图 3-72　活动主要安排

### 3.10.3 大会交流活动

会议由航空航天教指委委员**柏林**教授主持。空军勤务学院**张磊**院长代表承办单位致欢迎词，航空航天教指委**蔡国飙**主任委员代表主办单位致辞，航空航天教指委**刘莉**副主任委员介绍了活动的宗旨和流程。

特邀的 6 位主讲教师分别就典型的课程建设改革的理论与实践、拓展与展望进行了示范交流，军地不同类别的高校教师之间就课程改革的心得体会和经验做法进行了深入探讨，相互借鉴、相互促进、共同提高。

清华大学航天航空学院**张雄**教授围绕"理论力学"课程建设的理论基础、发展重点、建设应把握的关键问题等进行了主旨发言，并结合个人几十年的建设实践发表了深入浅出、具有代表性的观点和看法。国防科技大学空天科学学院**梁彦刚**教授就"空天专业虚拟仿真实验教学项目建设"情况进行了经验交流，分享了军队院校关于虚拟仿真实验教学的成功做法。北京航空航天大学航空科学与工程学院**刘虎**教授围绕"面向国家重大战略需求的飞行器设计专业人才'三融三联'培养体系"交流了个人的想法，并详细阐述了"三融三联"的内涵本质和培养体系结构特点。海军大连舰艇学院**董受**

**全**教授围绕国家级精品课程"舰舰导弹战斗使用"的改革探索和教学实践进行了经验交流，阐明了装备作战应用类课程建设把握的核心问题和建设路径，并介绍了海军院校课程的一般情况。西北工业大学的**韩庆**教授围绕"飞行器设计实践"课程的设计思路、组织方式、教学环境等核心问题进行了详细阐述，与大家分享了他们关于实践类课程建设的经验做法，并介绍了地方典型工科院校关于课程建设的一些基本考虑。空军勤务学院**柏林**教授围绕航材管理工程专业领域"完全信息融合""课程群"等课程建设理论观点进行了客观分析，阐述了"实案化教学概念模型""人体工学课程群结构模型"的理论内涵和逻辑脉络。

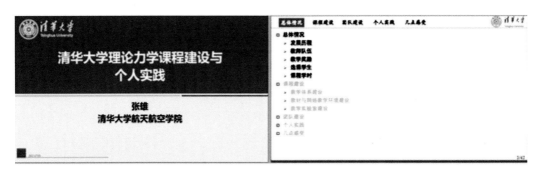

图 3-73　大会报告

主 要 内 容

| | |
|---|---|
| 1 | • 航材管理工程专业特征性关联性分析 |
| 2 | • 完全信息融合课程群建设可行性分析 |
| 3 | • "实案化"教学概念模型内涵与特征 |
| 4 | • 基于人体结构原理的课程群模型构建 |
| 5 | • 总结与展望 |

"部队院校完全信息融合、无缝对接备战打仗"航材专业领域课程群建设与实践

图 3-73 大会报告（续）

## 3.11 第11次课程交流和教师培训：航空航天类专业课程思政示范交流

### 3.11.1 活动概况

**活动名称：**航空航天类专业"课程思政"示范交流和教师培训

**承办单位：**西北工业大学航空学院

**协办单位：**北京航空航天大学出版社、陕西省教指委航空航天与兵器类工作委员会

**依托单位：**延安大学泽东干部培训学院

**会议召集人：**李军 教授 教育部高等学校航空航天类专业教学指导委员会委员

**课程召集人：**杨智春 教授 西北工业大学航空学院

**活动时间：**2021年10月16-17日

**参会代表：**全国24所高校的83名教师参加了交流和培训活动

**主讲教师：**贾玉红、魏小辉、万方义、徐志晖、王晓芳、杨海威、杨智春

图3-74 参会代表合影

**贾玉红**

北京航空航天大学航空科学与工程学院教授、博士生导师，北京航空航天大学"立德树人"卓越奖获得者；北京市教学名师、宝钢教育奖优秀教师、北京市"青教赛"优秀指导教师。国家级一流线下课程、国家级一流线上课程、国家级精品视频公开课、国家级资源共享课"航空航天概论"主讲教师；教育部课程思政示范课、教学名师和团队核心成员；国家级一流虚拟仿真实验项目核心成员。主编教材《航空航天概论》获评国防特色优秀专业教材、北京市精品教材和"十一五""十二五"国家级规划教材。

**魏小辉**

南京航空航天大学航空学院副院长，教授、博士生导师。主讲"起落架设计基础"教育部课程思政示范课程。指导学生团队获中国国际"互联网+"大学生创新创业大赛国赛金奖；入选江苏省"十佳研究生导师团队"。长期从事飞行器起降系统研究，获国防科技卓越青年科学基金，国家科学技术进步二等奖、国防科技进步一等奖、教育部技术发明一等奖、国防科技进步二等奖等多项奖项。现任飞行器先进设计技术国防重点学科实验室主任和航空工程国家级实验教学示范中心常务副主任等职。

## 万方义

西北工业大学航空学院副教授、硕士生导师。2003年博士毕业于西安交通大学。2005年至2006年美国弗吉尼亚理工学院访学；2013年至2014年比利时列日大学访学；2003年至今，西北工业大学航空学院。主讲"蓝天翱翔""生命保障技术""航空概论""飞行器故障诊断与健康管理理论与应用"等6门课程，其中"生命保障技术"为2020年校级课程思政示范课。主编试飞员培训系列教材"航空工程数学和力学：力学"，参编教材《航空航天技术概论》。主要从事飞行器健康管理、飞行器信息与控制工程等研究。主持国家自然科学基金、国家863项目等10余项，参加重点型号攻关项目2项，发表学术论文50余篇，获国防科技进步二等奖、陕西省三秦人才奖，陕西教学成果奖特等奖，西北工业大学教学成果奖一等奖、二等奖；获西北工业大学最满意教师、"三育人"先进个人等荣誉。

## 徐志晖

沈阳航空航天大学航空发动机学院副教授、硕士生导师。飞行器动力工程专业负责人。1991—2007年在沈阳发动机设计研究所从事相关工程技术工作，2007年入职沈阳航空航天大学航空发动机学院。讲授"航空发动机原理"等本科生、研究生和留学生课程6门，负责"专业毕业设计"等4门实践教学课程。主要参与"辽宁省普通高等学校本科工程人才培养模式改革试点专业建设"等省级质量工程项目2项、沈阳航空航天大学飞行器动力工程专业"国家级一流本科专业建设点"等国家级质量工程项目2项。2021年荣获第二届全国高等学校航空航天类专业本科毕业设计成果交流会优秀奖指导教师。主要从事航空发动机压气机气动性能优化及总体性能数值仿真等研究。

**王晓芳**

北京理工大学宇航学院副教授、硕士生导师。1996 至 2006 年在北京理工大学分别获得"飞行器制导及控制"学士学位、"飞行器设计"硕士学位和"飞行器设计"博士学位。2006 年留校任教至今。2013 至 2014 年在英国曼彻斯特大学访学。主讲"飞行力学""飞行力学（研究型课程）""飞行轨迹仿真与性能评估""飞行动力学建模与仿真"等 4 门线下课程和"飞行力学"慕课 1 门，主编北京高校优质本科教材《飞行力学数值仿真》，出版学术专著《多飞行器协同制导与控制》。主要从事飞行力学、多飞行器协同制导与控制等研究，主持国家自然科学基金等多项项目，发表学术论文 40 余篇，授权发明专利 7 项。获北京理工大学教学成果奖特等奖、一等奖和二等奖各 1 项，获北京理工大学青年教师基本功比赛二等奖等。

**杨海威**

哈尔滨工程大学航天与建筑工程学院副教授、硕士生导师，先进动力与热工技术研究所副所长。博士毕业于哈尔滨工业大学，2017 至 2018 年在俄罗斯莫斯科航空学院访学。主讲"火箭发动机原理"和"高等气体动力学"2 门课程。"火箭发动机原理"为校级本科生课程思政示范课、"高等气体动力学"为校级研究生课程思政示范课。主要从事火箭发动机燃烧与流动及内弹道研究、航天器热控制、微尺度流动与传热研究。现任工信部国防科技创新团队（固体火箭发动机方向）专家、黑龙江省宇航学会理事。

## 杨智春

西北工业大学二级教授、博士生导师。现任教育部航空航天类专业教学指导委员会副主任委员（2018—2022），西北工业大学航空学院结构动力学与控制研究所所长。2000年获陕西省青年科技奖，2004年入选教育部新世纪优秀人才计划，2009年获全国徐芝纶力学优秀教师奖，2012年被评为陕西省师风师德先进个人，2014年被评为全国优秀教师。近五年在国内外学术刊物和会议上发表学术论文100余篇，主编出版教材4部。

### 3.11.2　活动主要安排

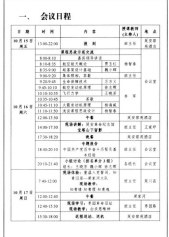

图 3-75　活动主要安排

### 3.11.3  大会交流活动

会议由航空航天教指委委员**李军**教授主持。西北工业大学教务处**姚如贵**副处长代表承办单位致欢迎词，延安大学泽东干部学院**郭东军**副院长代表依托单位致辞，航空航天教指委**刘莉**副主任委员代表主办单位致辞，并介绍了活动的宗旨和流程，航空航天教指委**蔡国飙**主任委员对此次具有特殊意义的活动的举办表示祝贺，并寄予厚望。航空航天教指委副主任委员**杨智春**教授代表协办单位陕西省教指委航空航天与兵器工作委员会致辞。

|  |  |  |
|---|---|---|
| 李军 | 姚如贵 | 郭东军 |
| 刘莉 | 蔡国飙 | 杨智春 |

**图3-76  会议主持人和嘉宾**

特邀的7位主讲教师分别进行了航空航天类专业课程思政示范交流，介绍了教学改革的实践与经验。

北京航空航天大学航空科学与工程学院**贾玉红**教授介绍了国家级思政示范课"航空航天概论"在课程思政建设过程中的体会及经验。之后，南京航空航天大学**魏小辉**教授结合所授课程"起落架设计基础"、西北工业大学**万方义**副教授结合所授课程"生命保障技术"、沈阳航空航天大学**徐志晖**副教授结合所授课程"航空发动机原理"、北京理工大学**王晓芳**副教授结合所授课程"飞行力学"、哈尔滨工程大学**杨海威**副教授（线上）结合所授课程"火箭发动机原理"深入介绍了在思政融于课程教学过程中的体会，各具特色。会议还邀请了航空航天教指委副主任委员**杨智春**教授以"浅谈课程思政设计"为题，结合课程思政实践经验，从学习、挖掘、凝练和导入四个方面介绍了专业课课程思政设计的体会。

贾玉红 魏小辉 万方义

徐志晖 王晓芳 杨海威 杨智春

图 3-77 主讲教师风采

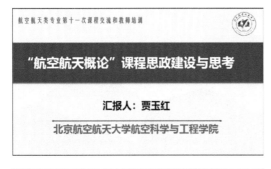 

图 3-78 大会报告

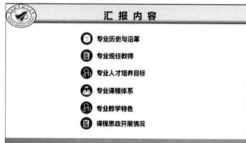

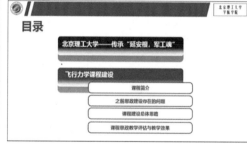

图 3-78　大会报告（续）

图 3-79　大会现场

16 日晚上，特邀延安大学惠小峰教授为全体参会教师作了"中国共产党百年奋斗历程及基本经验"辅导报告。

图 3-80    辅导报告现场

### 3.11.4    自由讨论

参会代表分组对航空航天类专业课程思政建设与实践工作展开讨论，大家各抒己见，对思政元素挖掘、案例凝练、思政融入技巧等进行了分享和深入交流。

图 3-81    自由讨论

图 3-81 自由讨论（续）

### 3.11.5 现场参观

会议期间，组织了红色圣地系列现场参观与培训活动。

16 日下午，与会代表在延安革命纪念馆进行了现场思政学习活动，之后，又瞻仰了革命圣地宝塔山。

17 日上午，与会代表赴梁家河现场学习，参观知青旧居，聆听延安大学**王东维**教授讲述习近平总书在记梁家河村插队时，由一名知青成长为大队党支部书记的历程，现场感受总书记七年知青岁月，追寻总书记新时代中国特色社会主义思想的活水源头。
在梁家河村史馆前，**杨智春**副主任委员带领与会党员教师们面向党旗重温了入党誓词。
17 日下午，老师们参观了枣园革命旧址，并由延安大学**冯建玫**教授进行了"白求恩精神"
现场教学。

参观延安革命纪念馆

参观宝塔山

**图 3-82　红色圣地现场参观**

王东维教授讲述梁家河知青岁月

与会党员教师重温入党誓词

图 3-82　红色圣地现场参观（续）

冯建玫教授讲述白求恩精神

**图3-82 红色圣地现场参观（续）**

## 3.12　第 12 次课程交流和教师培训活动：航天器姿态动力学与控制

### 3.12.1　活动概况

**活动名称**：航空航天类专业"航天器姿态动力学与控制"课程交流和教师培训

**承办单位**：中山大学航空航天学院

**协办单位**：北京航空航天大学出版社

**会议召集人**：刘昆 教授 教育部高等学校航空航天类专业教学指导委员会委员

**课程召集人**：宝音贺西 教授 清华大学航天航空学院

**活动时间**：2023 年 9 月 23 日

**参会代表**：全国 15 所高校的 41 名教师参加了交流和培训活动

**主讲教师**：宝音贺西、郭建国、杨跃能、师鹏、荣思远、魏静波

图 3-83　参会代表合影

## 宝音贺西

清华大学航天航空学院教授、博士生导师、杰出青年基金获得者。发表论文百余篇，包括 Nature/Astronomy 等国际顶级期刊，多次进入 Elsevier 公布的中国高被引学者榜单；攻克载人航天远距离最优导引关键技术，解决了我国载人航天交会对接工程中的瓶颈问题；小行星捕获、空间碎片发动机等创新成果两度被 MIT Tech Review 评论，引起广泛的国际关注；长期教授《航天器姿态控制系统》课程。获国家技术发明二等奖 1 项、省部级一等奖 3 项。培养的博士生中多人获得全国学会优秀博士论文奖和清华大学优秀博士论文奖；"互联网＋"创新大赛全国总冠军指导教师。Astrodynamics 主编、Science China 编委、美国航空宇航学会（AIAA）终身高级会员。

## 郭建国

西北工业大学航天学院教授、博士生导师，国家级一流本科课程负责人，现任精确制导与控制研究所所长，陕西省电动伺服系统工程研究中心主任，全国高校黄大年式教师团队和国家级重点领域创新团队核心成员，国家级专业组专家。长期从事飞行器控制领域研究，获国家级教学成果奖 2 项，省部级教学成果奖 5 项，出版教材和数字课程等 8 部，荣获宝钢优秀教师特等奖提名奖等荣誉称号。

### 杨跃能

国防科技大学空天科学学院教授、博士生导师，主要从事飞行器总体设计与控制方面的教学科研工作。主讲《航天器控制原理》《航天器姿态动力学与控制》《航天动力学与控制》《Spacecraft Attitude Dynamics and Control》等课程，主讲湖南省精品示范课程1门，指导学生获国家级学科竞赛奖励15项，主持省部级教改课题2项，获军队教学成果三等奖1项、校教学成果一等奖2项。主持国家级、省部级科研项目20余项，发表论文60余篇，连续5年入选全球前2%顶尖科学家学术影响力榜单，授权发明专利38项，出版著作3部，以第一完成人获中国发明协会发明创新一等奖1项、湖南省自然科学二等奖1项，获湖南省青年科技奖，入选湖南省"湖湘青年英才"、军队青年科技英才支持计划。

### 师鹏

北京航空航天大学宇航学院副院长，教授，博士生导师。北京航空航天大学青年教学名师，国家级一流本科课程负责人，北京高校"优质本科课程"负责人，北京高等学校优秀专业课主讲教师，北京高校"青年英才"，北京航空航天大学课程思政示范课负责人。兼任国际航天飞行动力学国际研讨会（ISSFD）委员会委员，中国宇航学会空气动力与飞行力学专业委员会委员，中国宇航学会航天产业化工作委员会委员，中国宇航学会临近空间产业工作委员会委员，中文核心期刊《飞行力学》编委会委员。主要从事航天飞行器总体设计、航天动力学与控制等方面的科研和教学工作。主持国家级/省部级科研项目80余项，主要包括国家自然科学基金、863计划课题、军科委创新特区项目、装备预研基金等。发表高水平学术论文70余篇，出版教材与专著3部，授权国家发明专利20余项。

**荣思远**

哈尔滨工业大学航天学院副教授。长期从事航天器姿态动力学与控制、飞行器动力学、飞行器导航及滤波理论应用等方面的研究和教学工作。作为项目负责人和主要参加人承担国家自然科学基金、国家部委等科研项目 40 余项，发表学术论文 20 余篇。

**魏静波**

中山大学航空航天学院副教授、博士生导师，中山大学"百人计划"引进人才。主要从事飞行器动力学与控制技术和磁悬浮执行机构及其主动振动控制方面的教学科研工作。主讲《航天器姿态动力学与控制》《航天器控制系统设计》《自动控制原理》《计算机硬件技术基础》《电力电子与电机控制》等课程。在 ISA Transactions、IEEE Transactions on Power Electronics、Acta Astronautica 等期刊发表高水平论文十余篇，主持和参与国家级项目十余项，授权发明专利十余项。

### 3.12.2　活动主要安排

| 时间 | 主要内容 | 备注 |
|---|---|---|
| 8:20–8:30 | 宣布开会，介绍领导嘉宾 | 主持人：刘　昆 |
| 8:30–8:50 | 嘉宾致辞 | |
| | 教学经验分享报告（每个报告含5分钟提问时间，主持人：刘昆） | |
| 8:50–9:15 | 清华大学航天器姿态控制课程体系与教学 | 主讲人：宝音贺西 |
| 9:15–9:40 | 航天器姿态动力学与控制课程建设探索与实践 | 主讲人：郭建国 |
| 9:40–10:05 | 航天动力学与控制课程建设与教学实践 | 主讲人：杨跃能 |
| 10:05–10:35 | 合影、茶歇 | |
| | 教学经验分享报告（每个报告含5分钟提问时间，主持人：郭建国） | |
| 10:35–11:00 | 航天动力学一流课程建设的实践与探索 | 主讲人：师　鹏 |
| 11:00–11:25 | 航天器姿态动力学与控制课程教学方法探索 | 主讲人：荣思远 |
| 11:25–11:50 | 航天器姿态动力学与控制多层次实验教学设计与实践 | 主讲人：魏静波 |
| 11:50–13:00 | 午餐（深圳校区西园食堂三楼） | |
| 13:00–14:30 | 乘车（西园食堂门口，近医学园）返回酒店午休 | 乘车时间：13:00 |
| | 参观交流 | |
| 14:30–15:30 | 乘车（天安云谷智选假日酒店正门口）去中山大学深圳校区实验室参观 | 负责人：蒋建平 乘车时间：14:20 |
| 15:30–17:00 | 教学经验交流与讨论（分组） | 主持人：郭建国、师鹏、荣思远 |
| 17:00–18:00 | 晚餐（深圳校区西园食堂三楼） | |
| 18:00–19:00 | 乘车（西园食堂门口，近医学园）返回酒店 | 乘车时间：18:10 |

### 3.12.3　大会交流活动

　　会议由教育部高等学校航空航天类专业教学指导委员会委员、中山大学航空航天学院刘昆教授主持，教育部高等学校航空航天类专业教学指导委员会副主任委员刘莉教授致开幕辞。中山大学航空航天学院院长吴志刚教授致欢迎辞。

刘昆教授主持　　　　　　刘莉教授致开幕辞　　　　　吴志刚院长致辞

**图 3-84　主持人和嘉宾**

特邀的 6 位主讲教师分别介绍了各自学校"航天器姿态动力学与控制"课程建设和教学改革的实践和经验。

清华大学航天航空学院**宝音贺西**教授侧重介绍了在清华大学教授《航天器姿态控制系统》和《动力学基础》等课程时的心得体会，还详细介绍了课程的基本信息、教学设计、创新方法以及在教学过程中的感悟，特别强调了对数理基础的要求，以及在课堂上进行公式推导和知识串联的重要性，以确保学生建立坚实的理论基础和实践能力。西北工业大学航天学院**郭建国**教授分享了航天器姿态动力学与控制课程建设探索与实践经验，介绍了课程教学方法、理念和成就，还介绍了在课程建设的过程中，带领本科生参加国内和国际各类创新大赛并取得的出色成绩。国防科技大学空天科学学院**杨跃能**副教授介绍了国防科技大学在培养我国航空航天科技和军事科技人才方面的教学设计和特色创新，分享了该课程教学的效果和取得的成果，倡导教学实践相长，对学生产生了积极的影响，多次获得省级、校级等各级荣誉。北京航空航天大学宇航学院**师鹏**副教授介绍了航天动力学一流课程建设的实践与探索，以数字媒体为平台，建立了多媒体数字教学平台，使得课程更加生动、更具立体感，让学生们受益匪浅。哈尔滨工业大学航天学院**荣思远**副教授分享了航天器姿态动力学与控制课程教学方法的探索经验，介绍了在教学过程中遇到的问题、以及如何解决问题的方法。中山大学航空航天学院**魏静波**副教授分享了中山大学在相关课程体系中的特色课程设计、以及课程设计中的创新点，还介绍了基于实验平台的多层次教学设计与实践经验。

清华大学航天航空学院宝音贺西教授　　西北工业大学航天学院郭建国教授　　国防科技大学空天科学学院杨跃能副教授

北京航空航天大学宇航学院师鹏副教授　　哈尔滨工业大学航天学院荣思远副教授　　中山大学航空航天学院魏静波副教授

图 3-85　主讲教师风采

图 3-86　大会报告

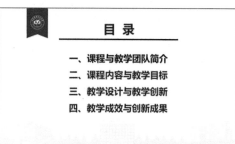

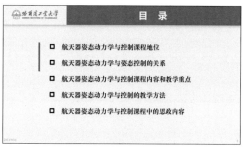

图 3-86 大会报告(续)

图 3-87　大会现场

### 3.12.4　自由讨论

参会代表围绕各个院校航空航天类专业"飞行器姿态动力学与控制"相关课程的教学内容、教学方法、教学管理，以及针对理论和实践教学过程中遇到的问题、难点及解决方法展开了热烈的研讨。

图 3-88　自由讨论

### 3.12.5 现场参观

在中山大学航空航天学院刘昆教授和相关负责老师的带领下，与会代表参观了中山大学航空航天学院的《姿态动力学与控制》《火箭推进原理》《空气动力学》等教学实验室。在参观过程中，与会专家与实验室的老师和同学进行了交流与学习，同时也提出了一些可行的宝贵建议，以促进实验室的进一步发展。

图 3-89　现场参观

图 3-89　现场参观（续）

## 3.13   第 13 次课程交流和教师培训活动："航天器总体设计"

### 3.13.1   活动概况

**活动名称：** 航空航天类专业"航天器总体设计"课程交流和教师培训

**承办单位：** 北京航空航天大学宇航学院、航天工程大学宇航科学与技术系

**协办单位：** 北京航空航天大学出版社

**会议召集人：** 梁国柱 教授 教育部高等学校航空航天类专业教学指导委员会秘书长
　　　　　　　聂万胜 教授 教育部高等学校航空航天类专业教学指导委员会委员

**课程召集人：** 陈万春 教授 北京航空航天大学宇航学院

**活动时间：** 2024 年 4 月 13-14 日

**参会代表：** 全国 23 所高校的 64 名教师参加了交流和培训活动

**主讲教师：** 陈万春、郭继峰、龚春林、于剑桥、康国华

图 3-90   参会代表合影

### 陈万春

北京航空航天大学宇航学院教授、博士生导师。一直从事导弹总体设计、导弹飞行动力学与制导和攻防对抗等方面的教学和科研工作。获"北京航空航天大学立德树人奖"等荣誉称号；《航天飞行器总体设计》课程教学团队负责人和《火箭总体设计》课程主讲教师；主讲的《导弹制导原理》课程两次获北航"研究生课程卓越教学奖"；主持的《飞行器空天交会运动虚拟仿真实验》课程获批首批国家级一流本科课程。 出版《航空飞行器飞行动力学》和《高超声速飞行器平稳滑翔动力学与制导》等教材和专著。

### 郭继峰

哈尔滨工业大学航天学院副院长、教授、博师生导师。长期从事飞行器系统技术、人工智能在航空航天领域的应用等基础理论与工程技术研究，担任国家级科技计划专家，中国宇航学会、空间科学学会专业委员，黑龙江省宇航学会理事，《宇航学报》青年编委，《无人系统技术》《航天控制》《指挥与控制学报》编委。主持国家级科研项目 50 余项。

### 龚春林

西北工业大学航天学院教授、博士生导师。主要从事导弹与空天飞行器总体设计、多学科优化、系统效能评估等研究，发表学术论文 100 余篇，出版专著 2 部，获省部级科技奖 4 项。担任《航天飞行器设计》教学团队负责人及主讲教师，出版教材 2 部、获校级教学成果奖 4 项、陕西省教学成果奖 1 项、2019 年度西北工业大学本科最满意教师称号。

**于剑桥**

北京理工大学宇航学院教授、博士生导师。主要研究方向为飞行器总体设计、飞行动力学与控制、多飞行器协同制导与控制等。长期从事本科生课程《飞行器系统分析与设计》和研究生课程《飞行器总体分析与设计》的教学工作，主持北京市和校级教改项目 3 项，出版教材《战术导弹总体设计》。作为武器系统副总设计师及项目负责人承担装备型号、预研、基金等项目多项，发表 SCI/EI 论文 80 余篇，获批发明专利 30 余项，获国防科技进步二等奖 3 项。

**康国华**

南京航空航天大学航天学院教授、博士生导师。担任全国宇航技术及其应用标准化技术委员会委员、中国空间科学学会机电与空间青年委员会委员、中国空间站应用与发展工程航天技术试验领域专家组成员、江苏省航空航天学会第十届理事会理事、江苏省首席科普专家、江苏省微小卫星态势感知和操控创新平台中心主任、江苏省"卫星通信与导航"协同创新中心卫星方向带头人。获第三届全国高校教学创新大赛一等奖。主要研究领域包括微小卫星总体设计、姿轨控系统设计，曾任常务副总师主持研制了我国第一颗目标特性微小卫星"天巡一号"，主持研制了全球首个低轨卫星导航增强载荷，主持研制了我国首个低轨 Mini 空间实验室载荷"锦囊一号"。主持军科委、装备预研、863、江苏省自然基金、航天 SAST 基金等 20 余项，承担国家自然科学基金、二代导航北斗重大专项等多个项目。在重点核心期刊、EI/SCI 上发表论文 70 余篇，授权发明专利 12 项。

### 3.13.2  活动主要安排

| 时间 | 主要内容 | 备注 |
|---|---|---|
| 4 月 13 日课程交流报告 | | |
| 8:20—8:30 | 宣布开会，介绍领导嘉宾 | 主持人：梁国柱 |
| 8:30—8:50 | 嘉宾致辞 | |
| 教学经验分享报告（每个报告含 5 分钟提问时间，主持人：聂万胜） | | |
| 8:50—9:15 | 航天飞行器总体设计课程教学与实践 | 主讲人：陈万春 |
| 9:15—9:40 | 飞行器系统设计课程建设实践与思考 | 主讲人：郭继峰 |
| 9:40—10:05 | 航天飞行器总体设计教学实践与思考 | 主讲人：龚春林 |
| 10:05—10:35 | 合影、茶歇 | |
| 教学经验分享报告（每个报告含 5 分钟提问时间，主持人：陈万春） | | |
| 10:35—11:00 | 飞行器总体设计课程教学中隐性知识推送模式探索 | 主讲人：于剑桥 |
| 11:00—11:25 | 空间飞行器总体设计课程教学探索 | 主讲人：康国华 |
| 11:30—14:00 | 午餐 | |
| 14:30—15:30 | 教学经验交流与讨论（分组） | 负责人：郭继峰 龚春林 |
| 15:30—17:30 | 中国航天员中心（乘车） | 负责人：杨 良 |
| 17:30—18:00 | 晚餐 | |
| 4 月 14 日 | | |
| 上午 | 自由交流 教指委课程板块内部会议 | 主持人：刘 莉 |
| 结束 | | |

### 3.13.3  大会交流活动

会议由教育部高等学校航空航天类专业教学指导委员会秘书长梁国柱教授和委员聂万胜教授主持，北京航空航天大学宇航学院王伟宗院长和航天工程大学宇航科学与技术系胡敏主任分别致辞，对与会代表表示欢迎，同时也介绍了各自单位的发展历程以及在航天器总体设计领域的教学、人才培养等情况。教指委副主任委员、北京理工大学刘莉教授代表教指委对活动召集人、课程召集人、承办单位、协办单位和所有参会老师表示感谢，并介绍了开展本项工作的初衷以及做法，希望大家把握难得的机会展开充分交流。

梁国柱　　　　　聂万胜　　　　　王伟宗　　　　　胡敏　　　　　刘莉

图 3-91　会议主持人和嘉宾

特邀的 5 位主讲教师分别介绍了各自学校"航天器总体设计"课程建设和教学改革的实践和经验。

北京航空航天大学宇航学院**陈万春**教授分享了航天飞行器总体设计课程教学体系、教学内容、理念、方法、竞赛与实践等。哈尔滨工业大学航天学院**郭继锋**教授重点介绍了飞行器系统设计课程体系以及人才培养的成效。西北工业大学航天学院**龚春林**教授重点对航天飞行器设计课程教学设计、教学成效与特色等做了介绍。北京理工大学宇航学院**于剑桥**教授重点介绍了飞行器总体设计课程教学中隐性知识推送模式探索。南京航空航天大学航天学院**康国华**教授针对空间飞行器总体设计课程的教学设计以及教学竞赛促进教学的方法进行了介绍。

陈万春　　　　　郭继锋　　　　　龚春林　　　　　于剑桥　　　　　康国华

图 3-92　主讲教师风采

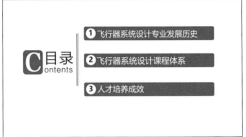

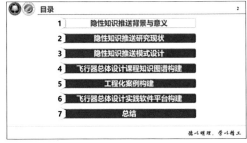

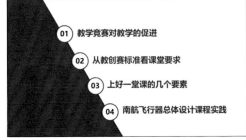

图 3-93　大会报告

图 3-94　大会现场

### 3.13.4　自由讨论

下午的交流环节在郭继锋教授、龚春林教授的主持下分两场进行了研讨。与会老师积极发言，频繁互动，围绕各个院校航空航天类专业"航天器总体设计"课程的教学内容、教学方法，针对教学过程中遇到的问题、难点及其解决办法展开了热烈的研讨。

图 3-95　自由讨论

### 3.13.5　现场参观

与会代表参观了中国航天员中心，深深体会到了我国航天事业的蓬勃发展和取得的辉煌成绩。

### 3.13.6　教指委委员会议

14 日，在航天工程大学宇航科学与技术系举行了"板块"工作会议，参观了该系的教学实验室，听取了教学成果介绍，并进行了现场交流和研讨。

## 3.14  第 14 次课程交流和教师培训活动：航天动力类课程

### 3.14.1  活动概况

**活动名称：**航空航天类专业"航天动力类"课程交流和教师培训

**承办单位：**哈尔滨工程大学航天与建筑工程学院

**协办单位：**北京航空航天大学出版社

**会议召集人：**齐 辉 教授 航空航天类专业教学指导委员会委员

**课程召集人：**王 革 教授 哈尔滨工程大学

**活动时间：**2024 年 8 月 17 日

**参会代表：**全国 13 所高校的 53 名教师参加了交流活动

**主讲教师：**王伟宗、李清廉、刘佩进、李军伟、封 锋、杨海威

图 3-96  参会代表合影

**王伟宗**

北京航空航天大学宇航学院院长、教授、博士生导师。主要从事航天器空间电推进、火箭发动机技术等的教学与研究工作。参编专著 3 部，发表期刊论文 100 余篇，含编辑优选 / 亮点 /VIP/ 封面文章 10 余篇，荣获 IOP "中国高被引用论文奖"。作为核心成员参与国家级一流本科课程《火箭发动机原理》建设，获评北航研究生课程卓越教学奖（全校仅 10 人），联合指导学生开展大型航天综合项目 "亚太一号" 卫星、"北航 4 号" 临近空间火箭动力飞行器研制发射成功，获得北京市高等教育教学成果二等奖、北航优秀教学成果特等奖。

**李清廉**

国防科技大学空天科学学院教授、博士生导师，高超声速推进技术国家级创新团队骨干、首届军队高水平科技创新团队骨干、国家自然科学基金创新研究群体核心骨干，国防科技大学航空宇航科学与技术国家双一流学科建设专家、飞行器动力工程专业责任教授、飞行器动力工程教学团队首席教授，国防科技大学线下精品课程《喷气推进原理》课程负责人。出版专著 / 教材 2 部，获湖南省教学成果三等奖 1 项、国防科技大学教学成果一等奖 1 项、二等奖 3 项；主持教育部重点教改、湖南省教改等课题 3 项，发表教学研究论文 9 篇。长期从事喷雾燃烧机理、变推力火箭发动机、高超声速地面试验设备等方向研究，获国家技术发明奖 2 项、发表 SCI 论文 50 余篇、授权发明专利 80 余项，兼任《推进技术》《火箭推进》等期刊编委。入选国家 "百千万人才" 工程、教育部 "新世纪" 人才计划、军队学科拔尖人才、国防卓青，获 "有突出贡献中青年专家" 称号，享受政府特殊津贴。

## 刘佩进

西北工业大学航天学院教授、博士生导师，入选国家级科技创新领军人才。近年来，主要从事固体火箭发动机燃烧、流动、热结构研究和吸气式推进系统的理论与实验研究工作。研究重点是火箭发动机燃烧不稳定、新型含能材料燃烧机理、推进剂动态燃烧精细建模和燃烧调控。主持自然基金重点和基础研究重点等项目多项。以通讯作者发表论文两篇入选 ESI 高被引，先后有主持出版规划教材 1 部、专著 1 部。曾获国家技术发明二等奖 1 项，省部级奖励 4 项。

## 李军伟

北京理工大学宇航学院教授、博士生导师，国家级领军人才。主要从事固体火箭发动机教学和研究工作，担任"固体火箭发动机原理"课程主讲教师，获得北京理工大学优秀教育教学成果奖 2 项，发表教改论文 3 篇。主持国家级和省部级科研项目二十余项，获得教育部技术发明一等奖（排名 1）等奖项。近年来，以第一作者出版固体火箭发动机学术专著 2 部，以第一作者 / 通讯作者发表 SCI/EI 期刊论文 90 余篇，授权中国发明专利 29 项。

**封锋**

南京理工大学机械工程学院副教授、硕士生导师。2010 年毕业于南京理工大学航空宇航科学与技术专业，获博士学位，同年留校至今。长期致力于火箭／导弹总体设计和先进固体动力领域的教学和研究工作；先后主持国家自然基金 1 项、航天科技创新重点基金 2 项、总装重点型号 2 项、军科委 173 基金 1 项、166 工程 1 项、陆军重点预研 1 项、火箭军预研 1 项及院所企业项目 30 余项；发表高水平论文 50 余篇，SCI 收录 20 多篇，EI 收录 30 篇，国家或国防专利 20 余项；编著《火箭弹构造与作用》《固体火箭发动机基础》《固体火箭发动机燃烧学》《现代推进原理与进展》等教材。

**杨海威**

哈尔滨工程大学航天与建筑工程学院副教授、硕士生导师。博士毕业于哈尔滨工业大学，2017 至 2018 年在俄罗斯莫斯科航空学院访学。主讲"火箭发动机原理"和"高等气体动力学"2 门课程。"火箭发动机原理"获批省级一流本科课程和校级本科生课程思政示范课、"高等气体动力学"获批省级研究生课程思政示范课。主要从事火箭发动机燃烧与流动及内弹道研究、航天器热控制、微尺度流动与传热研究。现任工信部国防科技创新团队（固体火箭发动机方向）专家、黑龙江省宇航学会理事。

### 3.14.2　活动主要安排

| 时间 | 主要内容 | 备注 |
|---|---|---|
| 8:20—8:30 | 宣布开会，介绍领导嘉宾 | 主持人：齐辉　教授 |
| 8:30—8:40 | 哈尔滨工程大学领导致辞 | |
| 8:40—8:50 | 教学指导委员会领导致辞 | |
| 教学经验分享报告（每个报告含 5 分钟提问时间，主持人：王革 教授） | | |
| 8:50—9:20 | 《火箭发动机原理》课程教学的探索与实践 | 主讲人：王伟宗　教授 |
| 9:20—9:50 | 从《火箭推进原理》到《喷气推进原理》的课程建设探索与实践 | 主讲人：李清廉　教授 |
| 9:50—10:20 | 火箭发动机原理课程建设实践与思考 | 主讲人：杨海威　副教授 |
| 10:20—10:50 | 合影、茶歇 | |
| 教学经验分享报告（每个报告含 5 分钟提问时间，主持人：王伟宗 教授 ） | | |
| 10:50—11:20 | 航天推进理论基础课程教学的发展与思考 | 主讲人：刘佩进　教授 |
| 11:20—11:50 | 固体火箭发动机原理课程教学 | 主讲人：李军伟　教授 |
| 11:50—12:20 | 适应新工科人才培养要求的固体火箭发动机原理课程教学改革思考与实践 | 主讲人：封锋　副教授 |
| 12:20—14:00 | 午餐、午休 | |
| 参观交流 | | |
| 14:30—15:30 | 教学经验交流与讨论（分组） | 主持人：李清廉　教授<br>刘佩进　教授 |
| 15:30—17:30 | 哈尔滨工程大学校史馆（乘车） | 负责人：郭晶　副教授 |
| 17:30—18:30 | 晚餐（乘车） | |

### 3.14.3　大会交流活动

　　会议由教育部高等学校航空航天类专业教学指导委员会副主任委员刘莉教授主持，哈尔滨工程大学党委常委、副校长赵玉新教授致开幕词。教育部高等学校航空航天类专业教学指导委员会副主任委员刘莉教授代表教指委致辞。

哈尔滨工程大学党委常委、　　　　教指委副主任委员刘莉教授
副校长赵玉新教授致辞　　　　　　主持并致辞

**图 3-97　主持人与嘉宾**

哈尔滨工程大学王革教授　　　北京航空航天大学王伟宗教授

**图 3-98　主持人**

特邀的 6 位主讲教师分别介绍了各自学校"航天动力类"课程建设和教学改革的实践和经验。

北京航空航天大学宇航学院**王伟宗**教授从课程定位、历史沿革、教学团队、探索实践以及思考展望等五个方面，详细介绍了他在北京航空航天大学大学教授《火箭发动机原理》等课程时的心得体会。国防科技大学空天科学学院**李清廉**教授介绍了从《火箭推进原理》到《喷气推进原理》的课程建设探索与实践经验，介绍了课程的背景与需求以及课程设计、内容体系、教学体系，并且讲述了课程建设成效。西北工业大学航天学院**刘佩进**教授分享了航天推进理论基础课程内容的演变、课程的授课方式以及存在的问题与思考。北京理工大学宇航学院**李军伟**教授讲述了北京理工大学飞行器动力工程专业发展历史、固体火箭发动机的原理课程内涵、教学内容、实践教学以及教学成效。南京理工大学机械工程学院**封锋**副教授介绍了适应新工科人才培养要求的固体火箭发动机原理课程教学改革思考与实践经验，对课程概述、课程目标、创新举措、教改成效以及成果进行了详细的介绍。哈尔滨工程大学航天与建筑工程学院**杨海威**副教授分别介绍了火箭发动机原理课程的课程概述、教学理念、教学设计、教学方法以及教学成果。

北京航空航天大学王伟宗教授

国防科技大学李清廉教授

西北工业大学刘佩进教授

北京理工大学李军伟教授

南京理工大学封锋副教授

哈尔滨工程大学杨海威副教授

图 3-99　主讲教师风采

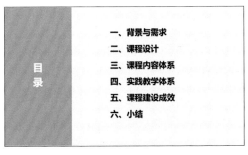

图 3-100　大会报告

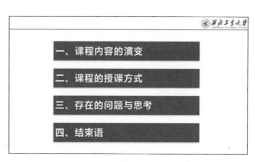

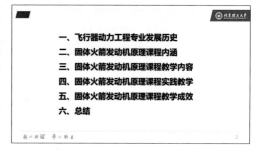

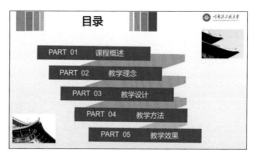

图 3-100　大会报告（续）

图 3-101　大会现场

### 3.14.4　自由讨论

参会代表围绕各个院校航空航天类专业"航天动力类"相关课程的教学内容、教学方法、教学管理，以及针对理论和实践教学过程中遇到的问题、难点及解决方法展开了热烈的研讨。

图 3-102　自由讨论

### 3.14.5　现场参观

　　下午，与会人员参观了哈尔滨工程大学校史馆，了解了哈尔滨工程大学的发展历程，通过展示的教育理念和培养模式，深刻理解哈尔滨工程大学在培养工程师和科技人才方面的独特方法和前瞻思维。同时，了解到学校在科研领域的多项重大突破，感受学校深厚的文化底蕴和精神传承。

图 3-103　现场参观

## 3.15　第 15 次课程交流和教师培训活动：飞行器制造类课程

### 3.15.1　活动概况

**活动名称：** 航空航天类专业"飞行器制造类"课程交流和教师培训

**承办单位：** 哈尔滨工业大学机电工程学院承办

**协办单位：** 北京航空航天大学出版社

**会议召集人：** 崔乃刚 教授 航空航天类专业教学指导委员会委员

**课程召集人：** 杨立军 教授 哈尔滨工业大学

**活动时间：** 2024 年 8 月 18 日

**参会代表：** 全国 16 所高校的 31 名教师参加了交流活动

**主讲教师：** 翟雨农、常正平、孟庆勋、安鲁陵、杨立军

图 3-104　参会代表合影

**翟雨农**

北京航空航天大学机械工程及自动化学院飞行器制造工程系副教授、博士生导师，京津冀国家技术创新中心"智能交互机器人前沿实验室"副主任。主要从事飞机复合材料结构装配协调、机器人化智能装配系统开发、数字化测量与孪生装配仿真系统开发、面向复材装配服役行为的实验与计算力学等研究。承担国家自然科学基金、GFJCKY、工信部"MJ"专项、KGJ 稳定支持专项、国家商用飞机制造工程技术研究中心创新基金及主机厂所合作项目多项。发表 SCI、EI 等高水平论文 20 余篇，授权 / 公开发明专利 8 项，获批工信部"十四五"规划教材 1 部。《Journal of Advanced Manufacturing Science and Technology》期刊青年委。

**常正平**

西北工业大学机电学院副研究员、硕士生导师，机械基础与航空制造国家级虚拟仿真实验教学中心副主任、航空宇航制造工程系副主任，省级一流课程负责人。主要从事飞机数字化装配、智能制造、数字孪生等方面的教学与研究。累计发表学术论文 20 余篇，授权发明专利 10 余项，修订航空行业标准 1 项。近年来，主持国家自然科学基金、国家重点研发计划、航空科学基金等国家级、省部级科研项目 8 项。主持 / 参与国家级、省级教育改革项目 4 项，主编校级十四五规划教材 1 部，获陕西省教学成果一等奖 1 项、校级教学成果奖 2 项。指导学生获中国大学生工程实践与创新能力大赛金奖 1 项、航空航天类 / 校级优秀本科毕设 6 项。任工程科学与技术青年编委、航空学会、机械工程学会会员。

**孟庆勋**

沈阳航空航天大学航空宇航学院副教授、硕士生导师，曾任飞行器制造工程系主任、民用航空学院副院长，现任航空制造工艺数字化国防重点学科实验室副主任；长期致力于飞机先进装配与连接技术研究，主持国家自然科学基金等国家级和省部级项目10余项，围绕飞机复合材料壁板结构装配，揭示了制孔与连接过程纤维基体的损伤机理和壁板整体空间变形规律，并提出有效的控制方法。研究成果获中国航空工业集团科学技术二等奖1项和辽宁省科技进步一等奖1项；担任飞行器制造工程专业课程负责人，主讲本科生《飞机装配工艺学》和博士生《飞机先进装配技术》等课程。

**安鲁陵**

南京航空航天大学机电学院教授、博士生导师。讲授"飞机数字化制造技术""复合材料结构制造技术""飞机装配技术""机械工程专业导论""飞行器制造工程专业导论"等课程，主编省部级规划教材《飞行器制造技术基础》和《飞行器复合材料构件制造技术》，指导学生获"互联网＋"创新大赛全国银奖，获国家教学成果二等奖一项，江苏省教学成果特等奖一项，江苏省教学成果二等奖一项。主要研究方向为数字化制造、飞机工艺装备快速设计、飞机复合材料构件成型、飞机装配工艺。完成国家重大科技攻关、国防基础科研、飞机数字化工程、863等国家级以及省科技攻关、省科技支撑计划等省部级项目多项，主持国家自然基金、国家重点研发计划项目课题、航空基金、国家商用飞机制造工程技术研究中心创新基金、江苏省重点实验室重点项目、企业合作项目多项。发表学术论文100余篇，SCI/EI收录10余篇，授权发明专利13项，获省部级科技进步二等奖5项、三等奖1项。

**杨立军**

哈尔滨工业大学机电工程学院航空宇航制造工程系主任、教授、博士生导师、国家级高层次人才。长期教授《飞行器制造工艺与装备》《惯性器件精密制造技术》等课程，获国家教学成果二等奖 1 项；长期从事激光精密制造技术研究工作，国家重点研发计划增材制造与激光制造重点专项、工程科学与综合交叉重点专项的首席科学家，主持国家重点研发计划、自然科学基金重点项目、国家科技重大专项项目以及一批省部级重点项目和国际合作项目 20 余项，攻克了激光复合机械切削、水导激光微细加工、精细结构超快激光微纳制造等技术难题，在航空航天先进制造技术领域做出重要贡献。获省部级科技进步一等奖 2 项，二等奖 4 项，发表高水平学术论文 200 余篇，获授权发明专利 35 项。

### 3.15.2　活动主要安排

| 时间 | 主要内容 | 备注 |
|---|---|---|
| 8:20-8:30 | 宣布开会，介绍领导嘉宾 | 主持人：崔乃刚 |
| 8:30-8:50 | 嘉宾致辞 | |
| 教学经验分享报告（每个报告含 5 分钟提问时间，主持人：杨立军） | | |
| 8:50-9:20 | 现代飞机制造工艺学 | 主讲人：翟雨农 |
| 9:20-9:50 | 飞行器装配原理与工艺课程教学与实践 | 主讲人：常正平 |
| 9:50-10:20 | 飞机装配工艺学课培养目标达成效果探讨 | 主讲人：孟庆勋 |
| 10:20-10:50 | 合影、茶歇 | |
| 教学经验分享报告（每个报告含 5 分钟提问时间，主持人：迟关心） | | |
| 10:50-11:20 | 飞行器制造工程导论 | 主讲人：安鲁陵 |
| 11:20-11:50 | 飞行器制造工艺与装备 | 主讲人：杨立军 |
| 11:50-14:00 | 午餐（午休） | |
| 参观交流 | | |
| 14:30-15:30 | 教学经验交流与讨论（分组） | 主持人：常正平　孟庆勋 |
| 15:30-17:30 | 哈尔滨工业大学航天馆（乘车） | 负责人：李琛 |
| 17:30-18:30 | 晚餐（乘车） | |

### 3.15.3　大会交流活动

　　会议由教育部高等学校航空航天类专业教学指导委员会委员、哈尔滨工业大学崔乃刚教授主持，大会教学经验分享报告阶段由哈尔滨工业大学迟关心教授主持，会议承办单位哈尔滨工业大学机电工程学院党委书记赵京东教授致开幕辞。教指委副主任委员、北京理工大学刘莉教授代表教指委对活动召集人、课程召集人、承办单位、协办单位和所有参会教师表示感谢，同时表达了教指委对于航空航天类专业教学发展的关注与支持，并介绍了召开全国高等学校航空航天类专业课程交流与教师培训活动的初衷，同时希望相关课程主讲教师把握机会开展充分交流。

146

教指委委员、哈尔滨工业大学崔乃刚教授　　哈尔滨工业大学迟关心教授　　哈尔滨工业大学机电工程学院党委书记赵京东教授　　教指委副主任委员、北京理工大学刘莉教授

图 3-105　主持人和嘉宾

　　特邀的 5 位主讲教师介绍了各自学校"飞行器制造"相关课程建设和教学改革的实践与经验。

　　北京航空航天大学机械工程及自动化学院副教授**翟雨农**分享了该校飞行器制造专业建设背景、课程定位与目标、课程体系设计以及教材建设等内容。西北工业大学机电学院副研究员**常正平**重点介绍了本单位《飞行器装备原理与工艺》课程简介、课程设计、教学实践以及建设成效等内容。沈阳航空航天大学航空宇航学院副教授**孟庆勋**围绕《飞机装配工艺学》课程基本情况、教学设计与效果评价、提升教学效果的思考等内容进行了重点介绍。南京航空航天大学机电学院**安鲁陵**教授重点介绍了飞行器制造工程导论培养模式与专业设置、专业范畴与教学安排、教学设计与建设以及成效与反思等内容。哈尔滨工业大学机电工程学院**杨立军**教授围绕飞行器制造工艺与装备课程介绍了哈工大航空宇航制造工程专业历史与定位、飞行器制造工艺与装备课程介绍、课程教学等情况。

北京航空航天大学翟雨农副教授　　　　西北工业大学常正平副研究员

图 3-106　主讲教师风采

147

沈阳航空航天大学　　　南京航空航天大学　　　哈尔滨工业大学
孟庆勋教授　　　　　　安鲁陵教授　　　　　　杨立军教授

图 3-106　主讲教师风采（续）

图 3-107　大会报告

图 3-107　大会报告（续）

图 3-108　大会现场

### 3.15.4　自由讨论

参会代表围绕各个院校航空航天类专业"飞行器制造类"相关课程的教学内容、教学方法、教学管理，以及针对理论和实践教学过程中遇到的问题、难点及解决方法展开了热烈的研讨。

图 3-109　自由讨论

### 3.15.5　现场参观

下午，与会嘉宾乘车参观了哈尔滨工业大学航天馆。通过此次研讨会，加强了国内多所航空航天院校在专业教学发展上的有效联系，并为后续高校之间的学科发展、课程建设、人才培养等深入合作奠定了良好基础。

图 3-110　现场参观

# 4

# 总结与展望

专业课程和教师队伍的建设水平，将直接影响到高等学校专业人才培养的质量。2018—2022 教育部高等学校航空航天类专业教学指导委员会主办的"课程交流和教师培训"活动顺应了我国航空航天类专业高质量人才培养的需求，从本科教育的课程和教师这两大支点入手，为一线专业课教师搭建了展示、学习、交流的平台。"课程交流和教师培训"活动，是一线教师的渴望，也是大幅拓展航空航天类专业建设的需要，更是对教育本质的回归，其成效将会直接辐射到各高校拥有大批在校学子的专业课堂，进一步提升专业教学质量，必将对高水平航空航天类人才培养目标的实现起到积极的作用。

在"课程交流和教师培训"活动举办的同时，由航空航天教指委组织、"板块"委员们具体实施的全国航空航天类专业一流专业核心课程调研工作，更是将本活动推向了一个更高的层次。调研覆盖了 2019 年度、2020 年度获批的 30 个航空航天类国家级一流专业建设点，涉及了 14 所高校。调研内容包括了专业核心课程建设、任课教师、队伍状况以及核心课程知识点梳理。调研结果分析与总结将为航空航天类专业教学国家质量标准的修订和推进航空航天类专业工程、认证等工作提供详实的资料和依据。

为了高水平建设我国航空航天类一流本科专业，满足我国航空航天领域高质量人才的培养需求，一定要抓牢、抓好"课程"和"教师"两个抓手。航空航天教指委"课程交流和教师培训"活动"板块"在已有工作的基础上，对今后的工作提出以下展望：

（1）坚持弘扬以"两弹一星精神""航空报国"为代表的航空航天精神，坚持把思政教育贯穿于课程建设与教师培养中，引导学生投身航空航天事业、树立报效祖国的志向。

（2）不断完善"课程交流和教师培训"活动机制，使之规模化、常态化，成为一线教师交流的舞台；积极转化活动取得的丰硕成果，使之成为各高校航空航天类专业课堂教学的示范引领。

（3）以一流专业建设点为依托，组建高水平航空航天类专业核心课程体系，深度梳理专业核心课程知识点。优选课程主讲教师，构建专业核心课程建设的国家队。

（4）依托国家级和省级一流专业建设"双万计划"，规划并建设一批具有航空航天类专业特色的"金课"；以"走出去、请进来"的方式，提高教师业务水平，培育教学名师队伍。

# 附　录

## 附录一　会议通知

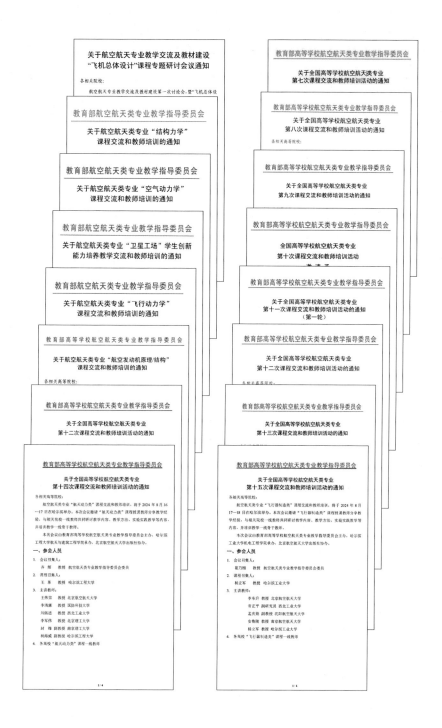

## 附录二  全国航空航天类一流专业核心课程建设调研情况

参与调研的航空宇航类 30 个一流专业建设点分别为 2019 年度（见表 1）、2020 年度（见表 2）获批进入国家级一流专业的建设点。航空航天类专业国家级一流课程现场调研情况如表 3 所列。

表 1  2019 年航空航天类一流专业建设点名单

| 序号 | 赛道 | 高校名称 | 专业名称 |
|---|---|---|---|
| 1 | 中央赛道 | 北京航空航天大学 | 飞行器设计与工程 |
| 2 | 中央赛道 | 北京航空航天大学 | 飞行器动力工程 |
| 3 | 中央赛道 | 西北工业大学 | 飞行器设计与工程 |
| 4 | 中央赛道 | 西北工业大学 | 飞行器动力工程 |
| 5 | 中央赛道 | 西北工业大学 | 飞行器制造工程 |
| 6 | 中央赛道 | 南京航空航天大学 | 飞行器设计与工程 |
| 7 | 中央赛道 | 南京航空航天大学 | 飞行器动力工程 |
| 8 | 中央赛道 | 南京航空航天大学 | 飞行器制造工程 |
| 9 | 中央赛道 | 南京航空航天大学 | 航空航天工程 |
| 10 | 中央赛道 | 哈尔滨工业大学 | 飞行器设计与工程 |
| 11 | 中央赛道 | 北京理工大学 | 飞行器设计与工程 |
| 12 | 地方赛道 | 沈阳航空航天大学 | 飞行器动力工程 |
| 13 | 地方赛道 | 沈阳航空航天大学 | 飞行器制造工程 |
| 14 | 地方赛道 | 南昌航空大学 | 飞行器动力工程 |
| 15 | 地方赛道 | 中北大学 | 飞行器制造工程 |

表 2  2020 年航空航天类一流专业建设点名单

| 序号 | 赛道 | 高校名称 | 专业名称 |
|---|---|---|---|
| 1 | 中央赛道 | 上海交通大学 | 航空航天工程 |
| 2 | 中央赛道 | 浙江大学 | 飞行器设计与工程 |
| 3 | 中央赛道 | 四川大学 | 飞行器控制与信息工程 |
| 4 | 中央赛道 | 西安交通大学 | 飞行器设计与工程 |
| 5 | 中央赛道 | 北京航空航天大学 | 飞行器环境与生命保障工程 |
| 6 | 中央赛道 | 北京航空航天大学 | 飞行器质量与可靠性 |
| 7 | 中央赛道 | 北京理工大学 | 飞行器动力工程 |
| 8 | 中央赛道 | 哈尔滨工业大学 | 飞行器制造工程 |
| 9 | 中央赛道 | 哈尔滨工程大学 | 飞行器动力工程 |
| 10 | 中央赛道 | 南京航空航天大学 | 飞行器环境与生命保障工程 |
| 11 | 中央赛道 | 南京理工大学 | 飞行器设计与工程 |
| 12 | 中央赛道 | 西北工业大学 | 航空航天工程 |
| 13 | 地方赛道 | 沈阳航空航天大学 | 飞行器设计与工程 |
| 14 | 地方赛道 | 南昌航空大学 | 飞行器设计与工程 |
| 15 | 地方赛道 | 南昌航空大学 | 飞行器制造工程 |

## 教育部高等学校航空航天类专业教学指导委员会

### 邀 请 函

尊敬的　　　　委员：

为加强航空航天类专业一流专业建设，教育部高等学校航空航天类专业教学指导委员会近期开展航空航天类专业一流专业核心课程建设调研工作。

本次调研将依托 2019、2020 年获批的航空航天类国家级一流专业建设点（共 30 个）进行，开展一流专业核心课程及其知识点设置研究，为航空航天类专业课程体系建设及标准的完善和修订奠定基础。调研采用现场调研和函调相结合的方式进行。

特邀请您作为教指委调研小组成员，参加相关高校的现场调研工作，并参与撰写调研报告。

感谢您和贵单位对教指委工作的大力支持！

此致

敬礼！

教育部高等学校航空航天类专业教学指导委员会

（北京航空航天大学 教指委）

2021 年 6 月 7 日

## 教育部高等学校航空航天类专业教学指导委员会

### 关于开展高等学校航空航天类一流专业
### 核心课程建设调研工作的通知

各相关高校：

为加强航空航天类专业一流专业建设，教育部高等学校航空航天类专业教学指导委员会近期开展航空航天类专业一流专业核心课程建设调研工作。

本次调研将依托 2019、2020 年获批的航空航天类国家级一流专业建设点（共 30 个）进行，开展一流专业核心课程及其知识点设置研究，为航空航天类专业课程体系建设及标准的完善和修订奠定基础。

调研采用现场调研和函调相结合的方式进行。2021 年 6 月，由相关教指委委员组成调研小组，赴各相关院校开展实地调研；同时，请相关专业负责人根据"调研大纲"（附后）提供相关调研内容，在 7 月 10 日 20：00 前，将函调材料提交至 hkhtjzw@163.com，每个专业一个 Word 文档和其他附件打包发送（文件命名：专业+学校）。

请相关院校、专业负责人、责任教授对本项工作予以配合、支持！

教指委秘书处电话

教育部高等学校航空航天类专业教学指导委员会

（北京航空航天大学 教指委）

2021 年 6 月 7 日

## 表3　航空航天类专业国家级一流课程现场调研情况

| 片区 | 高校名称 | 专业名称 | 时间安排 | 参加调研的委员 |
|---|---|---|---|---|
| 北京片区 | 北京航空航天大学 | 飞行器设计与工程<br>飞行器动力工程<br>行器环境与生命保障工程<br>飞行器质量与可靠性 | （1）7月5日，北京理工大学现场调研；<br>（2）7月6日，北京航空航天大学现场调研。 | 组长：刘莉<br>北京理工大学：刘莉、梁国柱、刘刚、艾延廷、马贵春、崔乃刚、齐辉<br>北京航空航天大学：刘莉、梁国柱、刘刚、艾延廷、马贵春、齐辉 |
| | 北京理工大学 | 飞行器设计与工程<br>飞行器动力工程 | | |
| 西北片区 | 西北工业大学 | 飞行器设计与工程<br>飞行器动力工程<br>飞行器制造工程<br>航空航天工程 | （1）6月15日，西北工业大学现场调研；<br>（2）6月15日，西安交通大学现场调研；<br>（3）6月16日，四川大学现场调研。 | 组长：杨智春<br>西北工业大学、西安交通大学：杨智春、李军，刘刚，李辉<br>四川大学：杨智春，李军，李辉 |
| | 西安交通大学 | 飞行器设计与工程 | | |
| | 四川大学 | 飞行器控制与信息工程 | | |
| 华东片区 | 南京航空航天大学 | 飞行器设计与工程<br>飞行器动力工程<br>飞行器制造工程<br>航空航天工程<br>飞行器环境与生命保障工程 | （1）6月16日，南京航空天大学现场调研；<br>（2）6月16日，南京理工大学现场调研；<br>（3）7月12日，浙江大学现场调研；<br>（4）7月13日，上海交通大学现场调研。 | 组长：胡士强<br>南京航空航天大学、南京理工大学：胡士强、刘莉、柏林、陈仁良、马贵春<br>浙江大学：孙刚、刘莉、马贵春、艾延廷、郑耀<br>上海交通大学：胡士强、刘莉、马贵春、艾延廷 |
| | 南京理工大学 | 飞行器设计与工程 | | |
| | 上海交通大学 | 航空航天工程 | | |
| | 浙江大学 | 飞行器设计与工程 | | |
| 东北片区 | 哈尔滨工业大学 | 飞行器设计与工程<br>飞行器制造工程 | （1）7月1号，沈阳航空航天大学现场调研；<br>（2）7月2号，哈尔滨工业大学现场调研；<br>（3）7月2日，哈尔滨工程大学现场调研。 | 组长：崔乃刚<br>沈阳航空航天大学：崔乃刚、齐辉、艾延廷、李军、刘莉、马贵春、孙刚、梁国柱、陈仁良<br>哈尔滨工业大学、哈尔滨工程大学：崔乃刚、齐辉、艾延廷、李军、刘莉、马贵春 |
| | 哈尔滨工程大学 | 飞行器动力工程 | | |
| | 沈阳航空航天大学 | 飞行器动力工程<br>飞行器制造工程<br>飞行器设计与工程 | | |
| 跨区片区 | 南昌航空大学 | 飞行器动力工程<br>飞行器设计与工程<br>飞行器制造工程 | （1）6月11日，南昌航空大学现场调研；<br>（2）6月30日，中北大学现场调研。 | 组长：马贵春<br>南昌航空大学：马贵春、杨智春、梁国柱、孙刚、陈仁良、王细洋<br>中北大学：马贵春、杨智春、梁国柱、孙刚、陈仁良、李军 |
| | 中北大学 | 飞行器制造工程 | | |

## 附录三　"课程交流和教师培训板块"教指委委员感言

有你、有我、有她，

一起经风雨，共同见彩虹，

享受课程和教师碰撞出的绚丽火花。

刘莉

岁序更替，华章日新，委员连年，不
忘初心，加强学习，砥砺前行，领会精
神，认真履职，不辱使命，贡献力量。

马贵春

五年的激情与执着，凝聚了我们对教育事业一生的挚爱与担当。友谊长存，理想不老，祖国万岁！

艾延廷

太空是国家的高边疆、深边疆，我们是国家边疆的守护者、建设者！

火箭军工程大学
刘刚

东南西北中，风雨征程路，
交流、研讨、培训分评选，
助力专业建设，为航空宇航备斗。

哈工程 亦辉

五年时光，为航空航天教育事业
贡献力量，种树者必培其根，
期望不辱使命。

复旦大学 孙刚

为有众多同行热心付出而鼓舞，

为能尽自己绵薄之力而欣喜，

为将有更多人才成长而骄傲。

空工大 李军

五年走过路，见证了本科教育的理性回归，

教育强则国家强。展未来，以航空报国，

扬航天精神，江山代有人才出！

成电 李辉

与志同道合的人，
做真心热爱的事。
五年任期短，
一生友谊长。

杨智春
2022.10.5

课程是人才培养的核心要素
教师是人才培养的决定力量
课程交流与教师培训板块为锻造
中国"金师"贡献力量。

陈仁良

值得努力去做的一件事情。

上海交大

胡士强

能与你这立式的互动着我，与院校学者引着我，与国际势指委师们相遇，令我身心愉悦，受益匪浅！

空军勤务学院  才仁林

通过与兄弟院校老师交流，学习到了许多新的人才培养理念。愿我们共同努力，为祖国培养更多的航空航天杰出人才！

哈尔滨工业大学
崔乃刚

帮助一线教师成长，是我们的义务
推进一流课程建设，是我们的责任

北航 梁国柱

163

# 附录四　活动协办单位感言

　　我们非常感谢教育部高等学校航空航天类专业教学指导委员会和活动承办单位的信任，给了我们一个为航空航天专业建设服务的宝贵机会。作为活动的协办单位，我们在努力做好活动会务工作的同时，也借助这个平台和各位参会专家、老师交流思想、互通有无、建立友谊，创造了更多的合作机会与可能。

　　对各位航空航天教指委委员、承办单位工作人员、主讲教师和全体参会老师表示衷心感谢！期待今后在航空航天教育教学工作中继续合作！

北京航空航天大学出版社

北京航空航天大学出版社主要工作人员（左起）：赵延永（副社长），李晓琳（编辑），陈守平（编辑），龚雪（编辑），李慧（编辑），董瑞（编辑），周世婷（编辑），蔡喆（科技图书出版中心副主任，理工图书分社社长）。